KBI33891

에너지 위기 어떻게 해결할까?

에너지 위기
어떻게 해결할까?

초판 5쇄 발행 2023년 7월 1일

글쓴이 이은철
펴낸이 이경민
펴낸곳 (주)동아엠앤비
출판등록 2014년 3월 28일(제25100-2014-000025호)
주소 (03972) 서울특별시 마포구 월드컵북로22길 21 2층
홈페이지 www.dongamnb.com
전화 (편집) 02-392-6901 (마케팅) 02-392-6900
팩스 02-392-6902
전자우편 damnb0401@naver.com
SNS 📘 📷 🅱️

ISBN 979-11-88704-05-7 (44400)
ISBN 979-11-88704-04-0 (세트)

에너지 위기
어떻게 해결할까?

이은철 지음

인류의 미래를 책임질
신재생에너지

동아엠앤비

새로운 대체에너지를 찾기 위해

전기가 들어오지 않는다면 일상생활이 얼마나 불편할까? 상상하기 어려울 정도로 불편할 것이다. 항상 우리 곁에 있다고 생각하지만 막상 전기가 없는 세상은 전혀 생각해 보지 않는다. 지난 세기 말부터 지구온난화 문제가 심각하게 거론되기 시작하였다. 이상기후로 여름에는 너무 더워 에어컨 없이 생활하기 어렵게 되었고, 겨울에는 너무 추워 난방 없이는 견디기 어렵다. 북극의 빙하가 녹아 해수면이 높아져 일부 섬들이 물에 잠기고 있으며, 머지않아 많은 섬들이 물에 잠길 것을 걱정하고 있다.

세계는 기후변화협약을 통해 온난화를 늦추기 위해 노력하고 있지만, 그것만으로는 충분해 보이지 않는다. 지구의 위기를 거론하는 것이 결코 먼 훗날의 얘기만은 아니다. 이 모든 것이 지나친 화석연료의 사용으로 대기 중에 포함된 이산화탄소 농도를 증가시킨 탓으로 보인다. 이제 지구를 살리기 위한 노력을 심각하게 해야 될 시기가 되었다. 화석연료 사용을 억제하고 이를 대신할 수 있는 에너지원을 개발하여야 한다. 막대한 에너지를 대체할 후보로 신재생에너지가 유력하지만, 아직 기대에 못 미치고 있는 실정이라 새로운 대체에너지를 찾기 위해 온 세계가 노력하고 있다.

태양과 바람, 조류 등 자연 자원으로부터 생성되는 에너지를 통칭하는 신재생에너지가 이처럼 관심을 끄는 이유는 공해물질을 배출하지 않는 청정에너지일 뿐만 아니라 안전하다는 점 때문이다. 신재생에너지는 모든 에너지원 가운데 수요가 가장 빠르게 늘어나고 있을 만큼 급성장하고 있다. 특히 전력 수요가 급증하고 있는 중국의 경우 태양광 모듈 분야에서 세계 시장 점유율 1위에 올라설 만큼 투자를 늘리고 있다. 유럽연합의 경우에도 2020년까지 전체 에너지 수요 중 신재생에너지 비중을 20%까지 확대하는 것을 목표로 하고 있다. 국제에너지기구(IEA)에 의하면 신재생에너지를 이용한 전력 생산은 전 세계적으로 풍력이 가장 큰 비중을 차지하고 있다. 그 다음으로는 지열, 태양에너지, 조력 등의 순이다.

신재생에너지의 장점은 매장량이 한정적인 화석연료에 비해 기본적인 에너지 원천이 영구적이라는 점이다. 석탄, 석유, 천연가스로 대표되는 화석연료와 그나마 비교적 매장량이 많다고 하는 우라늄 등 현재 인류가 주로 사용하는 천연자원은 정확한 시기에 대해 근소한 차이가 있을 뿐 결국 언젠가는 고갈될 것이다.

이제 우리 삶의 질을 향상시키거나 최소한 유지하기 위해서도 거대 에너지원을 대체할 또 다른 에너지원이 필요한데, 신재생에너지가 인류의 삶을 계속 유지할 수 있는 대안이 될 수 있다. 일례로 한 시간 동안 지구에 쏟아붓는 태양에너지의 양은 지구 전체 일 년 전력 사용량과 맞먹는다고 한다. 또한 신재생에너지는 화석연료를 대체하면서 이산화탄소 배출을 줄이는 등 부가적인 효과들도 자연스럽게 창출한다.

그러나 아직까지 대부분의 국가에서 신재생에너지 비중은 높지 않다. 또 기술 발전이 획기적으로 이뤄져 지금보다 에너지 효율이 2~3배 높게 나온다고 해도 화석에너지와 원자력에너지를 대체하기에는 에너지 생산 규모가 제한적이라는 점이 걸림돌이다. 신재생에너지가 대안이 되기 위해서는 그만큼 극복해야 할 난제가 많다.

하지만 분명한 것은 신재생에너지가 고갈되어 가는 석유자원과 방사성폐기물 등 해결하기 어려운 기존 에너지의 사용을 줄이고 환경재앙의 가능성을 근본적으로 줄이면서 자연환경과 인류가 공존하는 지속가능한 발전이라는 목표에 다가갈 수 있다는 점이다.

이 책에서는 지속가능한 에너지로 신재생에너지가 내포하고 있는 문제점들을 파악함으로써 장점을 극대화하고 단점을 최소화하여 미래의 대체에너지로서 현재 에너지 문제를 극복할 수 있는지 검토하려고 한

다. 또한 대규모의 에너지 생산을 위한 새로운 에너지원, 예를 들어 핵
융합에너지의 개발 가능성도 검토하려고 한다. 미래를 살아가야 하는
후손들에게 정확하게 문제점을 파악하여 더 좋은 삶을 유지할 수 있기
를 기대하면서 이 글을 쓴다.

이은철

차례 ━━━━━

Chapter 04
원자력에너지

Chapter 05
핵융합에너지

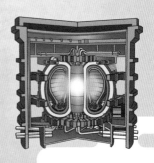

지속가능한 에너지

1 대체에너지 개발은 왜 필요한가?

· **에너지란?**

에너지는 일하는 능력이라는 뜻을 가진 그리스어의 '에네르게이아'에서 파생된 용어이다. 에너지란 무엇일까? 에너지는 인류 문명의 발전에 가장 필요한 원동력이다. 에너지라는 단어를 한마디로 정의하기는 쉽지 않지만, 그것이 의미하는 바는 누구나 쉽게 생각할 수 있다. 전기는 누구나 아는 단어이지만, 이것을 전기에너지라고 하면 "아, 그것도 에너지인가" 하고 생각한다.

불이 초기의 에너지 형태였다면, 석탄이나 석유는 불을 만드는 수단으로 이해할 수 있다. 원시 시대에는 자연에 의한 발화로 불이 발생하는 것을 발견하였지만, 인간은 차츰 불에 익숙해지면서 새로운 불을 만들어내었고, 그 수단으로 부싯돌이나 마른 나무를 이용하게 되었다. 현명한 인간은 불을 만드는 다양한 도구를 개발하게 되었고, 쉽게 태울 수 있는 자원을 발견하게 되었다. 바로 석탄과 석유이다.

자연에서 에너지 자원을 발견하면서 산업은 급속하게 발전하였으며, 16세기에 이르러 산업혁명이 일어날 수 있었다. 인간은 이에 만족하지 않고 계속해서 새로운 불(에너지원)을 개발하는 노력을 하였다. 전기에너지의 발명은 인류 복지에 큰 활력소가 되었으며, 어둠을 밝히면서 밤에도 계속 활동할 수 있게 되었다. 전기를 만드는 다양한 발전 방법을 개발하게 되었고, 급기야 적은 자원으로 막대한 에너지를 낼 수 있는 원자력에너지를 개발하였다. 쉽게 에너지 자원을 확보하게 되면서, 점차 산업은 그 규모를 확장하여 대규모 공업단지가 개발될 수 있었다. 우리 생활에서 널리 사용되고 있는 전기에너지 외에도 인간이 일하면서 얻는 일에너지, 움직이고 있는 물체가 갖는 운동에너지, 높은 곳에 있는 물건이 갖는 위치에너지, 열에너지, 광(光)에너지, 음(音)에너지 등 여러 가지 형태로 에너지는 존재한다. 또한 전기에너지를 난방용 열에너지나 조명용 광에너지로 바꾸어 이용하듯이 에너지는 쉽게 그 형태를 변환할 수 있다.

불의 발견은 인류가 지구를 지배하게 된 계기가 되었다. 불을 이용하여 도구를 만들게 되면서 인간은 몸집이 큰 동물을 사냥할 수 있었고, 다양한 방법으로 잡은 동물을 요리해서 먹을 수 있게 되었다. 불은 인류의 삶을 윤택하게 만들었으며 추위를 이기는 지혜를 주었다. 도구는 단순히 사냥에만 사용된 것이 아니라 생활의 편리를 위한 기계나 기구를 만들 수 있게 도와주었다. 불의 발견이야말로 현대 산업사회의 초석이 되었으며, 불을 만들기 위한 다양한 수단이 개발되면서 에너지라는 용어가 생기게 되었다.

이제 에너지의 사용 없이는 인간의 삶이 유지되기 어려울 정도로 필수요소가 되었다. 에너지 활용 정도에 따라 국력이 비교될 정도로 세계 각국은 에너지를 개발하는 데 힘을 쏟았고, 높은 에너지 소비가 문명화된 사회의 척도가 되었다. 따라서 더욱 필요한 에너지를 공급하기 위해 수단을 찾게 되었고, 이로 인해 다양한 에너지 생산 방법이 개발되었다. 산업 규모가 커짐에 따라 점차 공급 수단도 대형화되어 최근 건설되는 원자력발전소는 1,400MWe에 달하는 발전량을 생산하고 있다.

그러나 많은 에너지 소비는 주로 화석연료를 바탕으로 공급되면서, 결국 화석연료의 고갈을 예측하기에 이르렀다. 또한 화석연료에서 나오는 이산화탄소, 아황산가스 등 환경오염 물질들이 지구 환경에 나쁜 영향을 주는 결과를 가져왔다. 대기 중에 배출된 환경오염 물질들은 지구온난화를 가속시켜 북극의 빙하가 빠른 속도로 녹게 되었고, 해수면의 증가로 일부 낮은 지대의 섬들이 잠기는 결과를 가져오고 있다. 사막화가 빠른 속도로 진행되어 물 부족 현상을 가져왔고, 이로 인해 지구 곳곳에서 기상 이변이 속출하고, 대양에서는 엘니뇨 현상이 자주 발생하였다. 온실가스 배출, 이산화탄소 같은 환경오염 물질 배출 등 지구 환경에 영향을 주는 화석연료 사용 억제를 위해 세계 각국은 함께 노력할 것을 선언하였다. 이에 1992년 브라질 리우데자네이루에서 UN 기후변화협약이 논의되기에 이르렀으며, 전 세계적으로 지구온난화를 지연시키기 위해 힘을 모으게 되었다.

이 협약은 세계 각국이 자발적으로 이산화탄소 배출을 억제하기 위해 노력할 것을 권장하고 있으며, 이에 각국은 이산화탄소를 줄일 수 있는 기술 개발에 박차를 가하게 되었다. 그 일환으로 각국은 화석연료를 대신하는 대체에너지를 개발하기 위해 많은 노력을 기울이게 되었다.

그러나 이러한 자발적인 노력만으로는 각국의 다른 환경으로 인해 큰 효과를 거두지 못하였다. 대책이 지연되면서 수차례에 걸쳐 이산화탄소 배출 정도를 점검하고 새로운 대책을 강구하였다. 결국 자발적인 노력만으로는 한계가 있음이 드러나게 되었고, 1997년 교토에서 강제로 이산화탄소 배출을 억제하는 협약을 맺게 되었다.

이후 매년 열리는 당사국총회를 통해 배출을 억제하려고 노력하였지만 미국, 일본 등 선진국의 소극적인 자세로 큰 성과를 거두지 못하자, 2015년 12월 파리에서 열린 당사국총회에서 획기적으로 신(新)기후체제를 선언하기에 이르렀다. 우리나라도 이에 동조하여 이산화탄소 배출을 2020년까지 현 수준에서 30% 감축할 것을 약속하였으나 목표에는 미치지 못하였다. 정부는 약속 이행 노력의 일환으로 최근 30년 이상 오래된 화력발전소 10기를 폐쇄하거나 대폭 개선하여 환경오염을 줄이는 계획을 세웠다.

그러나 이런 정도의 노력으로 감축 목표를 달성하기는 결코 쉽지 않을 것이다. 선진국들은 이산화탄소 배출 목표 달성을 위해 'RE100(Renewable Energy 100%)'이라는 제도를 도입하여 산업체의 자발적인 협조를 요구하고 있다. 이는 기업의 사용 전력 100%를 재생에너지 전력으로 구매하거나 자체 생산으로 조달해 충당하겠다고 선언하는 글로벌 캠페인이다.

비영리기구 더 클라이밋 그룹(The Climate Group)과 CDP(Carbon Disclosure Project)의 주도로 2014년부터 진행됐다. 2022년 말 기준 세계에서 385개 기업이 RE100에 가입하였지만, RE100 달성에 성공한 기업은 구글, 애플, 레고 등 60여 개에 불과하다. 국내에는 삼성전자, 현대차그룹 4개사, SK 하이닉스 등 20여 곳이 참여하고 있다. 다만 RE100 달성 기업이라 해서 실제 사용전력의 100%가 재생에너지로 구성되는 것은 현실적으로 어렵다. 그래서 자체 재생에너지 생산으로 충당하고 부족한 소비전력은 그만큼의 재생에너지공급인증서(RECs, Renewable Electricity Certificates)를 구매해 채울 수 있게 하였다. RE100에서는 이러한 활동도 재생에너지 확산에 크게 기여한다는 판단 하에 재생에너지 조달 방법으로 인정하고 있다.

한편 CF100(Carbon Free 100%)은 기업의 사용 전력 100%를 무탄소에너지로 확대하여 공급하는 것이다, 무탄소에너지에는 재생에너지 외 원자력 발전이 포함된다. CF100은 현실적으로 재생에너지만으로는 RE100 달성이 쉽지 않다는 지적에 따라 원자력, 연료전지 등 '재생에너지는 아니지만 탄소 배출이 없는' 에너지를 포함한 것이다. 2018년 이 개념을 처음 도입한 구글은 "2021년 사용한 에너지의 66%를 무탄소로 달성했다"고 밝힌 바 있다. 2022년 9월 기준 MS, 구글 등 전 세계 70여 기업이 참여하고 있다.

우리나라는 부존자원이 거의 없어, 97% 이상의 1차 에너지[1] 연료를 수입하여 사용하고 있다. 이렇게 해외 의존이 크다 보니 산유국에서 석유 가격을 올리면 우리 경제가 휘청거린다. 몇 차례에 걸친 석유파동 시에 우리

---

[1] 1차 에너지란 자연에서 얻은 최초의 에너지를 말한다. 즉, 땅 속에 퇴적된 동·식물들이 오랜 기간 지열, 지층의 압력, 미생물의 작용을 받아 생성된 것들로 구성된 화석에너지와 자연계에서 직접 얻을 수 있는 것들을 포함한 자연에너지원을 총칭하여 말한다. 자연 계열인 태양열·조력·파력·풍력·수력·지열, 화석연료 계열로는 석탄·석유·천연가스, 핵에너지 계열인 원자력(우라늄), 식물성 계열로 장작 숯 목탄 등 자연으로부터 얻을 수 있는 에너지를 총칭하여 1차 에너지라고 한다. 2차 에너지란, 1차 에너지를 변환·가공하여 수송이나 에너지 전환이 쉽도록 한 것이다. 일상생활이나 산업 분야에서 이용할 수 있는 형태로 만든 에너지를 말한다. 2차 에너지에는 전기, 도시가스, 석유 제품, 코크스 등이 있다. 최종에너지로서 열, 빛, 동력으로 이용된다.

경제는 급격하게 영향을 받았으며, 해결책으로 우리나라의 독자적인 '지속 가능한 에너지' 개발을 추구하게 되었다.

그러나 워낙 자원이 없으므로 뚜렷한 대안을 찾지 못하였다. 그동안 원자력발전에서 전체 전력 생산의 약 30% 정도를 담당하여 그나마 급등하는 석유 가격에도 전기요금을 크게 올리지 않을 수 있었으나, 후쿠시마 원자력발전소 사고 이후 원자력발전소의 안전성에 대한 문제가 대두되면서 신규 발전소 건설이 지연되었고, 오래된 발전소를 폐쇄하자는 여론이 형성되어 당분간 현 상태를 유지할 가능성이 크다.

화력발전을 줄이고 원자력발전을 현 수준으로 유지한다면 부족한 에너지원을 대체할 새로운 에너지원이 필요해진다. 정부는 신재생에너지가 이 역할을 대신할 것으로 예측하고 있으며, 2030년까지 국내 총 에너지 생산의 11%로 확대할 계획을 세웠다. 현재 폐기물에너지를 포함하여 4%에도 못 미치는 신재생에너지를 늘리기 위해 정책적으로 신재생에너지 개발 전략을 구체화하고, 연구개발 투자를 확대하고 있다.

지속가능한 발전은 '지속가능한 에너지 체제'를 기반으로 한다. 이는 화석연료와 원자력 중심으로 되어 있던 현재의 에너지 공급 전략을 신재생에너지의 사용 확대, 에너지 효율성 향상, 에너지 절약을 주로 하는 지속가능한 에너지 체제로 전환하는 것을 의미하며, 이에 따른 새로운 에너지 정책을 세우고자 하는 것이다. 이 중심에 신재생에너지 개발 계획이 포함되어 있다. 본문에서 신재생에너지란 무엇이며, 어떤 에너지가 포함되는지, 또 각 에너지원의 장단점들을 알아보고자 한다.

• 제3의 불

인류의 에너지 이용은 '불'의 발견에서 시작되었다. 40~50만 년 전 북경원인(北京原
人)의 동굴에서 요리를 위해 불이 사용된 흔적이 발견된 바 있으며, 약 1만 년 전부
터는 논밭에서 농작물을 재배하기 위해 동물(소, 말)의 에너지를 이용한 것으로 생각
된다. 이후 고대 로마에서는 전함을 움직이는 데 많은 사람으로 하여금 노를 젓게
했으며, 중국에서는 만리장성과 궁전을 건설하는 데 많은 인력을 동원했다. 풍력의
경우 기원전 3,500년경부터 바람을 이용한 범선을, 650년경부터는 페르시아에서
풍차를 사용했다는 기록이 있으며, 이 무렵 관개용 동력원으로 수력을 이용한 수
차가 세계 각지에서 사용된 것으로 알려져 있다.

원시시대의 부싯돌 이후 석탄과 석유를 이용하여 보다 쉽게 불을 만들면
서 산업혁명이 일어났고, 전기를 발명함으로써 새로운 현대 산업사회로 나
아가는 계기가 되었다. 전기를 생산할 수 있는 방법도 다양하게 개발되었
는데 산업발전에 가장 많이 기여한 것은 화력발전과 수력발전을 꼽을 수
있다. 이후 원자력이라는 대형 전기 생산 방법이 개발되어 산업 규모가 더
욱 커지는 계기가 되었다. 혹자는 석탄이나 석유를 태워 만드는 불을 제1
의 불이라고 부르고, 전기를 제2의 불이라고 일컫는다. 그리고 대량으로
전기를 생산하는 원자력은 제3의 불로 분류되기도 한다.

2 신재생에너지란?

신재생에너지는 신에너지와 재생에너지를 합성한 용어로, 원래 기존의 화석연료를 변환시켜 이용하거나 햇빛, 물, 지열, 강수, 생물유기체 등을 포함하여 재생이 가능한 에너지를 변환시켜 이용하는 에너지로 정의한다.

• 신에너지 및 재생에너지

'신에너지 및 재생에너지 개발·이용·보급 촉진법'에 의하면 「신에너지 및 재생에너지 산업의 활성화를 통하여 에너지원을 다양화하고, 에너지의 안정적인 공급, 에너지 구조를 환경친화적 전환 및 온실가스 배출의 감소를 추진함으로써 환경의 보전, 국가경제의 건전하고 지속적인 발전 및 국민복지의 증진에 이바지함을 목적으로 한다.」고 신재생에너지 개발의 중요성을 강조하고 있다.

이 법에 따르면, '신에너지'란 기존의 화석연료를 변환시켜 이용하거나 수소·산소 등의 화학반응을 통하여 전기 또는 열을 이용하는 에너지로 수소, 연료전지, 석탄을 액화·가스화한 에너지 및 중질잔사유를 가스화한 에너지 등이 포함된다. '재생에너지'란 햇빛·물·지열(地熱)·강수(降水)·생물유기체 등을 포함하는, 재생 가능한 에너지를 변환시켜 이용하는 에너지로서 태양에너지, 풍력·수력·해양에너지, 지열에너지, 생물자원을 변환시켜 이용하는 바이오에너지, 폐기물에너지 등이 포함된다. 태양에너지는 이용 방법에 따라 태양광과 태양열로 구분되며 세부적으로 8개 분야로 나뉘어 있다.

재생에너지의 근간이 되는 것은 태양에너지라고 할 수 있다. 바람의 힘을 이용하는 풍력은 어떻게 보면 공기가 태양에너지를 받아 생긴 온도 차이로 인해 발생된 기류의 움직임이며, 수력의 경우에도 햇빛을 받아 증발한 수증기가 모여 구름이 되고 다시 비가 되어 내려 발생하는 물의 흐름이기 때문이다. 해류를 움직이는 것도 바닷물이 햇빛을 받아 생긴 온도 차로 인해 발생한 흐름이며, 식물의 광합성도 태양광을 이용해 영양분을 만들고 생명을 유지하는 것이다. 즉, 태양은 지구의 모든 자연현상을 일으키는 원동력이다. 재생 가능한 다양한 형태의 에너지 원천이 태양이라고 해도 과언이 아닌 것이다.

일찍부터 과감히 신재생에너지 연구개발과 보급 정책을 추진해 왔던 선진국뿐만 아니라 신재생에너지를 개발하여 보급하려는 세계 각국은 각 나라가 보유하고 있는 부존자원을 최대한 활용하고, 그 자원을 바탕으로 산업을 발전시키려 했다. 하지만 더딘 기술개발 속도, 기존 에너지원 대비 낮은 가격 경쟁력, 환경적 요인으로 그 공급이 제한적이라는 점 등 신재생에너지가 가진 여러 가지 한계성으로 인해 아직 대부분의 산업에서 화석연료

재생에너지의 근간이 되는 태양에너지

가 차지하는 비중이 크다. 우리나라의 경우에도 부존자원이 거의 없어 대부분의 에너지 자원을 해외에서 수입하고 있다. 그나마 보유하고 있는 석탄자원이나 이미 수입한 에너지원을 효율적이고 친환경적으로 활용하기 위해 신에너지 기술개발을 적극적으로 추진하고 있다.

· **신재생에너지에 대한 정의**

신재생에너지를 정의하는 것은 공통된 기준이 있는 것이 아니라 각 나라별로 부존자원, 산업 발전의 형태 등 여러 가지 환경과 사정에 따라 약간씩 다르다. 하지만 기본적으로 다음과 같은 요소에 근거하여 분류하고 있다.

  – 온실가스 배출량 감축 여부

  – 부존자원 활용 정도

  – 부족한 자원의 해외 의존도

  – 산업 발전 형태에 적합한 활용 여부

우리나라는 유일하게 보유하고 있는 에너지 자원인 석탄의 활용 가능성을 모색한다는 측면에서 석탄 액화·가스화 에너지가 신에너지로 분류되어 있다. 석탄 그 자체를 연료로 사용할 때에는 이산화탄소 등 환경을 오염시키는 공해 물질들을 배출하지만, 액화 또는 가스화 과정을 거치면 이산화탄소 배출도 적고, 에너지 효율도 높은 새로운 에너지원으로 활용할 수 있기 때문에 이를 신에너지로 지정하여 관련 기술개발을 추진하고 있다.

3 기후변화협약

기후변화에 관한 국제연합 기본 협약 (The United Nations Framework Convention on Climate Change, 약칭 유엔기후변화협약 혹은 기후변화협약 혹은 UNFCCC 혹은 FCCC)은 온실가스에 의해 파생된 지구온난화를 완화시키기 위한 국제협약이다.

기후변화협약은 1992년 브라질 리우데자네이루에서 처음 열렸다. 기후변화협약은 선진국들이 이산화탄소를 비롯하여 각종 온실가스의 방출을 억제하고 궁극적으로 지구온난화를 막는 데 주요 목적이 있다. 주요 내용을 보면 '지구온난화 방지를 위하여 모든 당사국이 참여하되, 단 온실가스 배출의 역사적 책임이 있는 선진국들은 차별화된 책임이 있음'을 규정하였고, 모든 당사국은 지구온난화 방지를 위한 정책을 수립하고 그 후속 조치 및 각국의 온실가스 배출 통계자료가 수록된 국가보고서를 UN에 제출토록 하였다.

기후변화협약은 각국의 온실가스 배출에 대해 강제성은 띠고 있지 않지만 각국의 자발적인 노력으로 지구온난화를 억제한다는 점에 동의한 것에서 의의를 찾을 수 있다. 그러나 이 협약을 위반하더라도 어떤 제약도 없어 구속력이 없다는 주장이 많았으며, 실제 크게 성과를 거두지 못하였다.

교토의정서 Kyoto Protocol

1997년 일본 교토에서 지구온난화 방지를 위한 의정서가 발의되었는데, 이것이 마치 전 세계 기후변화협약의 시행령과 같은 의미를 갖게 된다. 앞서 자발적이라는 애매한 문구를 명확하게 정의하여 각국이 의무적인 온실가스 배출량 제한을 정함으로써 구속력을 가지게 되었다.

과거 산업혁명을 통해 온실가스 배출의 역사적 책임이 있는 선진국(38개국)을 대상으로 제1차 준비 기간(2008~2012) 동안 1990년도 배출한 이산화탄소 배출량을 기준으로 평균 5.2% 감축하도록 규정하였고, 이를 일본 교토에서 열린 제3차 당사국총회(COP: Conference of the Parties)에서 채택하였고, 2005년 2월 16일 공식적으로 발효하게 되었다.

교토의정서에는 온실가스 감축 의무를 가진 국가들에게 비용효과를 충분히 고려하여 의무 부담을 이행하기 위해 신축성 있는 교토 메커니즘을 제시하였다. 공동이행제도, 청정개발체제, 배출권거래제도와 같이 융통성을 줌으로써 효과를 기대한 것이다.

즉, 어떤 A라는 나라가 다른 나라에 투자하여 얻은 온실가스 감축분을 A국의 실질적 감축 실적으로 인정하는 공동이행제도와, 선진국이 개발도상국에 투자하여 얻은 온실가스 감축분을 선진국의 감축 실적으로 인정하는 청정개발체제를 도입하였다. 또한 온실가스 감축 의무가 있는 국가에 배출량을 부여한 후 국가 간 배출량의 거래를 허용하는 배출권거래제도까지 도입하여 실질적인 효과를 유도하였다.

하지만 개발도상국의 대표적 주자인 중국이 빠지고, 미국과 일본 등 선진국이 자국의 산업을 보호한다는 명분 아래 참여하지 않음으로써 교토의정서는 현실적 실효성 측면에서 큰 타격을 입었다.

- **기후변화협약 당사국총회** Conference of the Parties, COP

  기후변화협약 당사국총회란 유엔기후변화협약(UNFCCC)의 산하기구이자 기후변화협약의 최고 의사결정 기구로 기후변화와 관련한 과학적 연구 결과를 공유하는 동시에 각국의 기후변화 프로그램의 효율성 및 협약 이행사항을 점검하는 역할을 담당한다.

  1995년 독일 베를린에서 처음 개최되었으며, 제3차 당사국총회는 1997년 일본 교토에서 열려 교토의정서를 채택하였다. 2015년 제21차 당사국총회는 파리에서 열려 신기후체제에 대한 합의문을 채택한 바 있다.

  2016년 모로코 마라케시에서 열린 제22차 당사국총회에서는 197개국이 참가하여 2018년까지 협정 이행 규범 수립을 위한 분야별 작업 계획을 마련하기로 합의하였다.

  제22차 회의에서는 기후변화 이슈 중에서도 가장 우선적으로 거론되는 빈곤 퇴치와 식량 안보를 위해 정부·기업·시민사회단체 등 다양한 이해관계자의 참여를 촉구하는 것을 주요 내용으로 하는 '기후 및 지속가능 개발을 위한 마라케시 행동 선언문'을 채택하였다.

신新 기후체제

　　　　　　　1997년 체결된 교토의정서에는 선진국에만 온실가스 감축 의무를 부과함으로써 당사국의 불만이 많았다. 기후변화에 효과적으로 대처하기 위해서는 개발도상국의 노력도 병행되어야 한다는 주장이 제기됨에 따라, 신기후체제에서는 선진국은 물론 개발도상국의 참여를 포함하여 각국이 온실가스 감축 목표를 스스로 결정할 수 있도록 유연한 방식을 적용하였다.

　2015년 12월 파리에서 열린 제21차 당사국총회(COP)에서는 195개 협약 당사국들이 지구온도상승 목표, 감축 이행 검토, 개발도상국에 대한 선진국의 기후대처기금 지원 등이 담긴 최종 합의문을 채택하였다. 이번 협약은 선진국에만 온실가스 감축 의무를 요구했던 교토의정서와는 달리 195개 당사국 모두가 지킬 것을 선언한 첫 세계적 기후변화협약으로 간주된다.

　합의문에는 이번 세기말(2100년)까지 지구 평균 온도의 상승폭을 산업화 이전 대비 섭씨 2도보다 '훨씬 적게' 유지한다는 내용과 함께 섭씨 1.5도 이하로 상승폭을 제한하기 위해 노력한다는 내용도 포함되어 있다.

　합의문에는 당사국들은 지구의 온실가스 총 배출량이 절정기(peak)에 이른 뒤 감축 추세로 돌아서는 시점을 최대한 앞당기기로 하였다. 구체적으로 온실가스 배출은 2030년 최고치에 달하도록 하며, 이후 2050년까지 산림녹화와 탄소 포집/저장 기술을 개발하여 본격적으로 온실가스 감축에

돌입해야 한다고 못박았다.

산유국들은 이 목표에 반대하면서 '탄소 중립 목표'를 내세웠다. 탄소 중립 목표란 온실가스 배출량과 각국이 세운 온실가스 흡수 기술을 개발하여 실질적인 배출량이 순 제로(0)가 되는 것을 말한다. 그러나 파리 협약은 주요 산유국들의 심한 반대를 누르고 이루어져 높이 평가된다.

이 합의문에는 세계 각국이 약속을 제대로 이행하는지에 대해 2018년부터 매 5년마다 점검을 받도록 하였으며, 첫 검토는 2023년에 이루어진다. 우리나라를 포함한 187개국은 파리 당사국에 2025년 또는 2030년까지의 온실가스 감축 목표를 유엔에 전달하였다.

큰 틀에서 보면 구속력을 확보했다고 하지만, 당사국의 자발적인 참여가 없다면 과연 목표를 달성할 수 있을지 의문이 남아 있다. 온실가스 감축 계획안을 제출하고 정기적으로 검토를 받는 것은 구속력이 있으나, 당사국이 정한 감축 목표 자체는 구속력이 없어 이를 어겨도 직접적인 불이익이 없기 때문이다. 특히 개별 국가들이 온실가스 배출량을 낮추는 경우, 어떤 제재도 가하기 어렵다는 점은 개선의 여지가 있다고 보인다.

세계가 하나의 공조체제로 기후변화를 최소화하고 지속가능성을 추구한 점은 당사국총회의 큰 역할이었다. 전 세계가 경제적 발전이 아닌 환경의 중요성을 인식하고 기후변화로 인한 환경오염에 경각심을 갖게 된 계기가 되었다는 게 이 총회의 설립 의의다. 또한 세계 각국이 기후 관련 정책을 새롭게 규정하고 정책을 수립하기 시작하였다는 점에서 의미가 있다.

이 총회에서 온실가스의 감축 방법을 구체적으로 논의하여 목표를 재설정하였으며, 구체적으로 감축 시기와 방식을 규정하였다는 점도 높이 살 일이다. 이전에는 막연하고 단순하게 줄여야 한다는 생각에서 전체적인 방향을 설정하였다면, 당사국총회에서는 '얼마만큼 줄이자'라는 방식으로 구체적인 목표를 정했기 때문이다.

기후변화로 인한 영향을 과학적으로 접근하고, 경제학적인 분석을 통하여 환경문제에 대해 그 피해 규모와 관련된 소요비용을 산출하고, 결국 이를 바탕으로 기후변화에 대한 체계적이고 전략적인 대응을 가능하게 한 점은 큰 성과로 볼 수 있다.

에너지 위기, 어떻게 해결할까?

재생에너지

1 태양에너지

태양빛이 지구에 비치지 않는다면 인간이 생존할 수 있을까? 하루 중 1/3 이상 비치는 태양빛으로 우리는 삶에 필요한 대부분의 에너지를 얻고 있다. 그러나 인간은 태양이 지구에 제공하고 있는 엄청난 에너지 중 극히 일부만을 활용하고 있을 뿐이다. 태양빛을 모아 그 온기를 열로 이용하거나, 빛의 성질을 이용하여 전기를 만드는 정도이다.

태양광발전은 빛에너지를 직접 전기에너지로 바꾸는 발전 방식이다. 태양광발전 기술은 기후변화에 대응하고, 대체에너지원을 다원화할 수 있으며, 삶의 질을 향상시킬 수 있는 새로운 녹색성장산업의 선두 주자로 기대받고 있다.

태양에서 오는 에너지를 또 다른 형태로 활용할 수 있는 방법은 태양열을 직접 이용하는 것이다. 복사에너지는 비록 그 밀도는 낮지만 태양이 비치는 동안에 지속적으로 에너지를 제공하므로 효과적으로 모을 수만 있다면 무시할 수 없는 에너지원이 될 수 있다. 우리는 이미 복사에너지를 충분히 생활에 이용해 왔다. 복사열을 모아 물을 덥혀 온수로 사용하거나 난방하는 태양열 주택이 바로 그 예이다. 온실도 태양의 복사열을 모아 내부를 덥히는 또 다른 예라고 볼 수 있다.

태양광발전 Photovoltaic Power Generation

태양광발전은 태양광을 직접 전기로 변환시키는 발전 방식이다. 이 중 발전장치인 태양전지는 빛에너지를 전기에너지로 변환하기 위해 제작된 광전지로, 기본적으로는 반도체소자이다. 금속과 반도체의 접촉면 또는 반도체의 p-n 접합면이 빛을 받으면 광전효과[2]에 의해 전기가 발생하는 원리를 활용한 것이다.

태양전지는 주로 실리콘으로 대표되는 반도체를 기반으로 하고 있으며, 텔레비전 등 전자제품에 널리 사용되고 있는 반도체기술의 발달로 태양전지기술 또한 급속하게 발전되었다. 태양전지는 전기적 성질이 다른

---

2 광전효과란 금속 등 물질에 일정한 진동수 이상의 빛을 쪼이면 금속 표면에서 전자가 생성되는 현상을 말한다. 아인슈타인이 빛의 이중성을 설명할 때, 빛이 파장만이 아니라 입자가 될 수 있다고 설명하여 알려진 효과이다. 1839년 프랑스의 과학자 E. Becquerel이 최초로 빛이 전기로 변환되는 광전효과를 발견했다. 이후 광전효과를 연구하던 H. Hertz는 효율은 아주 낮지만 이런 원리를 이용한 Selenium Cell을 개발하여 노출계로 사진기에 장착하였다.
그러나 광전효과를 제대로 활용할 수 있게 된 것은 그보다 훨씬 후인 1950년대 미국의 Bell Lab.에서 실리콘 태양전지를 개발하면서부터라고 할 수 있다. 이 과정에서 단결정 실리콘이 개발되었고, 이로 인해 태양전지의 효율을 크게 향상시킬 수 있었다. 1958년 미국의 Vanguard 위성에 처음으로 태양전지가 탑재되었으며, 이후 우주로 쏘아 올리는 많은 위성에 태양전지가 널리 사용되고 있다. 하지만 효율이 낮아 일반 산업에까지 널리 활용되지 못했던 태양전지는 1970년대 석유파동 이후 연구개발 및 상업화에 수십억 달러가 투자되면서 그 효율이 크게 개선되었다. 요즈음은 20%대까지 효율이 높아졌고 그 수명도 20년 이상으로 연장되어 태양광을 본격적으로 활용할 수 있게 되었다.

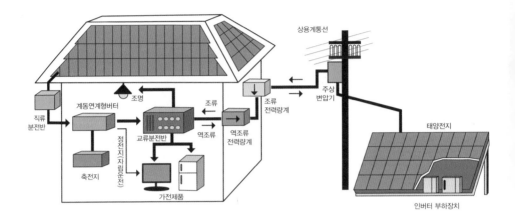

태양광발전 시스템

n(negative)형의 반도체와 p(positive)형의 반도체를 접합시킨 구조를 가지고 있으며, 두 개의 반도체 경계 부분을 p-n접합이라고 한다. 이러한 태양전지에 태양빛이 닿으면 흡수된 태양빛 에너지가 반도체 내에서 정공(hole)(+)과 전자(electron)(−)를 발생시킨다. 이 때 정공은 p형 반도체 쪽으로, 전자는 n형 반도체 쪽으로 모이면서 자연스럽게 전위(voltage)가 형성되어 전류가 흐르게 되는데, 이것이 태양광발전의 핵심 원리이다.

금속과 반도체 접촉을 이용한 것으로는 셀레늄 광전지, 아황산구리 광전지가 있으며, 반도체 p-n 접합을 사용한 것은 요즈음 태양전지로 널리 알려진 실리콘 광전지가 있다. 두 가지 원리는 비슷하기 때문에 여기서는 p-n 접합에 의한 발전원리를 간단하게 소개한다.

에너지 위기, 어떻게 해결할까?

태양전지는 단위 셀에서 나오는 전압이 약 0.5 Volt 정도로 매우 낮아 실생활에 전력으로 활용하려면 이런 단위 셀 수십 개를 직렬로 연결해야 한다. 또한 대부분 이런 집합체들이 외부 환경에 노출되어 설치되는 경우가 많고, 강한 바람이나 심한 폭우와 같이 혹독한 환경에도 견딜 수 있어야 하므로 복수의 셀을 패키지로 하나의 모듈 형태로 제작한다. 충분한 전력을 생산하기 위해서 다시 이런 모듈 여러 개를 묶어 어레이(Array) 구조로 만들어 사용한다.

무한 에너지이면서 청정에너지인 태양에너지를 바로 전기로 변환하는 태양광발전은 석유 자원의 고갈이 예상되는 현 시점에서 에너지 문제를 극복할 수 있는 최선의 대안으로 인식되고 있다. 우리나라에서도 이러한 인식을 중요시하여 미래 성장 동력 산업으로 육성하기 위해 노력해 왔다.

태양광발전의 장점은 공해가 없고 필요한 장소에 필요한 만큼만 발전할 수 있으며, 무한정·무공해의 태양에너지를 이용하므로 연료비가 들지 않고, 대기오염이나 폐기물 발생이 없다는 점이다. 또한 기계적인 진동과 소음이 없고, 수명이 20년 이상으로 길며, 유지보수도 용이한 편이다. 하지만 전력 생산량이 지역별 일사량에 의존한다는 점과 큰 설치 면적을 필요로 하

태양전지 셀과 어레이

는 점, 초기 투자비 및 발전단가가 높은 점 등이 한계로 지적된다.

이런 단점을 보완하고 태양광발전을 확대하기 위해서는 많은 난관을 제거해야 한다. 우선 선진국들이 태양광발전의 원천기술을 먼저 확보하여 후발국인 우리나라가 여러 가지 어려움을 겪고 있는 게 가장 큰 문제이다. 국제적인 경쟁력을 확보하려면 원천기술을 중심으로 무엇보다 차별화된 기술을 확보해야 한다.

정부는 원천기술개발을 위해 관련 연구 투자를 지속적으로 늘리고 있으며, 특히 향후 부가가치 창출 효과가 크고 다양한 분야로 응용이 가능한 차세대 박막 태양전지를 개발하는 데 힘을 쏟고 있다.

· 우주 태양광발전소

대기층의 영향을 받지 않고 24시간 전기를 생산할 수 있으리라는 점에서 우주 공간에 태양광발전소를 건설하려는 계획도 고려된 적이 있다. 지상에서처럼 구름이나 지형 때문에 지장 받는 일이 없어, 발전효율이 높다는 점이 가장 큰 장점이다. 그러나 우주에 발전소를 건설하려면 위성에 자재를 싣고 운반해 설치하는 어려움도 있으며, 생산된 전기를 다시 지구로 보내는 어려움도 크다. 또한 자재를 우주에 쏘아 올리는 비용이 천문학적이라 과연 경제성이 있는가 하는 의문 때문에 아이디어로 그치고 말았다.

태양열에너지 Solar Thermal Energy

태양에너지를 다른 형태로 활용할 수 있는 방법은 지표면에 도달하는 태양광의 복사에너지 즉, 태양열을 직접 활용하는 것이다. 복사에너지는 비록 그 밀도는 낮지만 태양이 비추는 동안에 지속적으로 에너지를 제공할 수 있어 결코 무시할 수 없는 에너지원이다. 이런 복사에너지를 집열 반사경 등을 통하여 한 곳에 모아 이용하는 것이 태양열에너지이다.

태양열에너지는 복사에너지를 열에너지로 변환한 후 저장·이용하는 방법과 복사광선으로 260~560℃까지 비열이 큰 액상의 축열재를 가열하여 물탱크 속을 흐르게 함으로써 증기를 발생시키고, 그 증기의 힘으로 터빈을 돌려 발전하는 두 가지 방법이 주로 활용되고 있다. 이렇게 발생한 열이나 전기는 각 건물의 냉난방 및 급탕, 산업 공정열, 열발전 등 다양하게 활용될 수 있다.

복사에너지는 밀도가 낮아 단위 면적에 모으는 효율이 매우 낮다. 또한 빛의 다양한 스펙트럼으로 각 파장대별로 다른 에너지 분포를 가지고 있어서 열에너지로의 효율적 변환을 위해서는 고도의 기술이 필요하다. 우선 태양광을 잘 모을 수 있는 집광시스템과 이렇게 모아진 빛에너지를 효율적으로 고온의 열에너지로 전환하기 위한 흡열시스템이 필요하다. 흡열시스템의 역할은 들어오는 빛에너지가 다른 요인에 의해 발산되는 것을 방지하는 것이다.

· 태양열 이용의 한계

태양열은 에너지로 이용할 수 있는 파장대가 가시광선 영역으로 제한적이며, 태양이 비추는 낮 시간에만 이용 가능하다는 단점이 있다. 따라서 집열기를 설치할 때에는 일단 직접 햇빛을 가장 많이 받을 수 있도록 해야 하며, 불필요한 장애물이 없고 일조량이 많도록 방향을 조절해야 한다. 남향을 택하는 것이 가장 유리하지만, 태양의 이동을 고려한 설계도 할 수 있다.

단점을 극복하기 위해 열을 저장하였다가 필요할 때에 활용할 수 있는 축열 기술이 필요하다. 태양열발전은 흡열시스템이나 축열시스템을 통하여 흡수된 열에너지를 작동 유체에 공급하여 별도의 발전시스템을 통해 발전하는 것이다.

한편 건물에서 빛에너지를 직접 열에너지로 활용하는 경우를 살펴보면, 먼저 지붕 위에 설치된 집열기가 햇빛을 받아 뜨거워지면, 집열판 밑을 흐르는 찬물이 데워지고, 그 물은 이동하여 물탱크 안의 찬물을 데운다. 이렇게 데워진 물은 펌프를 통해 송풍기 쪽으로 이동하고 송풍기는 물을 더운 공기로 만들어 실내를 따뜻하게 하는 원리이다.

집열기는 태양의 복사에너지를 열에너지로 변환하는 장치이다. 집열기의 효율은 집광장치의 유무와 집열기 자체의 열손실을 얼마나 적게 하느냐에 따라 달라질 수 있다.

태양열 집열장치가 설치된 주택

태양열을 저장하였다가 필요할 때 사용하기 위해 열을 저장하는 장치가 축열조이다. 특히 태양이 비치지 않는 시간에도 이 시스템을 활용하기 위해서는 축열은 필수적이다. 태양열로 난방하는 시스템도 원리는 온수기와 흡사하다. 소규모의 난방이 필요한 경우에는 집열 열교환기와 축열조를 내부에 포함하여 설계하기도 한다. 아파트 단지나 빌딩 등 대규모 난방이 필요한 경우에는 장기간 열을 저장할 수 있도록 대형 축열장치가 사용된다.

유럽에서는 여름에 남는 태양열을 저장하였다가 겨울에 사용하기 위해 축열조의 효율을 높이는 기술을 개발하고 있다. 아직은 열효율이 10%대로

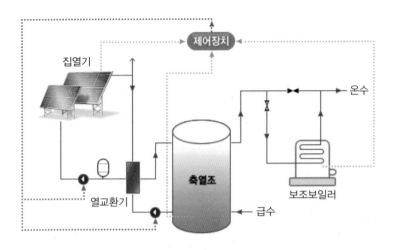

태양열발전 구조

낮고, 장기간 저장하는 과정에서 열손실도 커 개선이 필요하다. 그래서 일사량이 적은 겨울에 부하가 많고, 일사량이 많은 여름에는 부하가 적어 여름에 많은 양의 태양열을 축적하였다가 겨울에 사용하는 계간 축열(seasonal thermal storage) 방식의 대용량 태양열 블록 히팅 및 태양열 지역난방 시스템을 개발 중이다.

· **다양한 태양열 이용**

태양열은 여러 분야에서 활발히 이용되고 있다. 태양열을 오래 저장하기보다는 일사량이 많은 하절기에 그 열을 바로 이용하여 냉방하는 시스템이 개발되었다. 원리는 기존의 냉방시스템 중 열에 의해 구동되는 부분을 태양열로 대체한 것이다. 이런 냉방장치는 태양열을 높은 온도로 집열하고, 저장이 필요하지 않기 때문에 효용성이 높으며, 가동 온도도 높게 할 필요가 없어 효과적이다. 이것은 이미 가스 같은 화석연료를 사용하여 개발된 것으로, 단지 이것을 태양열에 적합하도록 보완한 것으로 볼 수 있다.

산업공정에 태양열을 이용하기도 한다. 태양열시스템이 산업분야에서 필요한 열(온수 및 스팀)을 저온에서부터 고온에 이르기까지 다양하게 공급할 수 있으며 특히 하절기에 더욱 효과적일 것으로 기대된다. 이 밖에도 태양열로 고온을 집열하여 터빈을 구동시켜 바로 전기를 생산하는 방식도 개발되고 있다. 여러 형태의 발전이 시도되고 있는데 구동형이나 타워형 발전시스템은 대규모 발전도 가능하다. 다만, 아직은 효율이 10%대로 낮고 가동률도 저조한 편이라 기술개발이 더 이루어져야 하는 분야이다.

가 어릴 때 볼록렌즈를 가지고 초점을 이용해 빛이 모이는 곳을 찾는 실험한 적이 있을 것이다. 태양빛을 한 곳에 모아 종이를 까맣게 태우는 원리는 태양빛을 열에너지로 이용한 것이다. 집열이나 집광은 빛을 한 곳에 모으도록 하는 것인데, 모인 빛을 열이나 전기로 만드는 과정을 살펴 효율적인 방법을 생각해 보자.

나 태양이 비치는 동안에는 태양광발전이 가능하지만 태양이 비치지 않는 동안에는 어떻게 전기를 공급할 수 있을까? 태양이 비치는 동안에 많은 전기를 생산해서 저장했다가, 태양이 비치지 않을 때 저장된 전기를 사용할 수 있도록 하면 된다. 그런데 이 과정이 결코 쉽지 않다. 어떻게 하면 효율적으로 전기를 저장하고 재사용할 수 있을지 생각해 보자.

다 태양광의 복사 에너지를 활용하려면 에너지 밀도가 너무 낮아 극히 미약한 전기를 생산한다. 그래서 대단위로 집열하거나 집광하여야 한다. 앞으로 생산 효율을 높이려는 기술 개발이 필요하다. 좋은 아이디어를 생각해 보자.

라 집열 과정은 고도가 높을수록 태양열 밀도가 커서 유리하다. 그러나 열을 이용하는 곳은 실제 지상의 가옥에서 이용한다. 현실적으로 좋은 방법이 없을지 생각해 보자.

마 태양열은 다양한 산업에 활용될 수 있을 것으로 기대되는데, 집열 효율을 높여 생산된 태양열을 효과적으로 활용 가능한 방법을 생각해 보자. 산업에서는 대규모로 활용해야 하는 점을 고려하자.

2 바이오에너지
Bio-Energy

바이오에너지란 바이오매스(Biomass), 즉 생태계 유기체의 순환 사이클에서 생성되어 활용할 수 있는 에너지를 말한다. 바이오에너지는 생명을 의미하는 'Bio'와 'Energy'가 결합된 말로, 살아 있는 생물을 활용하여 만든 에너지라는 의미를 가지고 있다.

바이오매스란 원래는 생물체 총량을 나타내는 생태학적 용어지만, 최근에는 에너지원으로 이용 가능한 생물체를 의미하고 있다. 이러한 바이오매스를 직접 또는 생화학적, 물리적 변환과정을 통해 기체, 액체, 고체 형태의 연료로 만들어 이용하거나, 전기 또는 열에너지로 변환하여 이용하는 것을 바이오에너지라고 한다.

원래 식물은 잘 알려져 있는 광합성 과정을 통해 태양광과 이산화탄소를 이용하여 유기화합물과 산소를 만들면서 살아간다. 이렇게 만들어진 유기물은 자연계 순환 주기에 의해 동물의 먹이로, 또 무기물이나 미생물로 변화한다. 따라서 바이오매스란 태양에너지를 받은 식물과 미생물의 광합성에 의해 생성되는 식물체, 균체와 이를 먹고 살아가는 동물체를 포함하는

독일 바이오 가스 플랜트

생물 유기체를 총체적으로 포함한다.

현재 지구상에는 약 2조 톤의 바이오매스가 존재하는 것으로 추정되며, 이 중 매년 약 2천억 톤이 태양에 의해 생성된다고 추정하고 있다. 바이오매스는 직접 연소시켜 사용하는 것 외에 열분해, 부분 산화, 미생물에 의한 발효작용 등의 변환 과정을 거쳐 연료가스, 메탄, 에탄올 등의 형태로 사용된다. 특히 이 과정에서 생성되는 메탄올, 에탄올 등 알코올류는 비교적 취급하기가 쉽고 연소 효율도 높아 환경적인 측면에서 매우 우수한 석유 대체연료 중의 하나로 손꼽히고 있다.

바이오매스는 새로운 형태의 에너지가 아니며 이미 오래 전부터 세계적으로 널리 사용되고 있는 에너지이다. 비록 지금과 같이 고품질의 바이오에너지는 아니었지만 나무나 농작물을 직접 태워서 열을 얻거나, 태운 열을 이용하여 증기를 만들어 난방열로 활용하거나 간접적으로 전기를 만들어 사용했다.

지금도 일부 저개발국가에서는 바이오에너지가 에너지원으로 사용되고 있다. 바이오매스는 나무뿐만 아니라 곡물, 식물, 농작물 찌꺼기, 축산분뇨, 음식물 쓰레기 등이 모두 포함되며, 이들을 태워서 발생된 열은 오랫동안 인류가 사용해 온 주된 에너지원 중 하나라고 할 수 있다.

바이오에너지 생산기술의 종류

열화학 전환기술

(가) 연소

바이오매스를 태워서 열에너지로 이용하는 기술은 인류가 가장 먼저 활용한 바이오에너지 생산기술일 것이다. 지금도 많은 개발도상국에서는 나무를 직접 태워 밥을 짓거나 난방에 활용하고 있다. 이렇게 나무 같은 바이오매스를 연소시키는 형태의 바이오에너지는 특별히 어려운 기술이 필요하지 않고 재료 또한 손쉽게 얻을 수 있다. 하지만 바이오매스는 넓은 지역에 흩어져 있는 경

목질 바이오에너지

우가 많아서 그 재료들을 대량으로 수집하고 수송하는 것이 어려우며, 또한 자연환경이 훼손된다는 것이 단점이다. 그래서 바이오에너지를 대량으로 생산, 이용하는 것에는 한계가 있다.

바이오매스를 효율적으로 활용하려면 우선 에너지 밀도를 높여야 한다. 목재 연료를 고압에서 압축하여 목질 펠릿으로 만들어 활용하는 기술이 개발되어 가정이나 난방에 이용되고 있다. 최근에는 바이오연료의 에너지 밀도를 더욱 높이기 위해 반(反)탄화 기술이 개발되었는데, 고형 바이오연료를 대형 보일러에서 연소시켜 대량의 열에너지를 생산하는 방식이다. 또한 발전 부문에서 신재생에너지 보급이 활성화되면서 고형 바이오연료를 석탄 발전소에서 석탄과 혼합하여 쓰거나, 바이오매스 전용 발전소의 연료로 활용하는 등 적용 범위가 넓어지고 있다.

(나) 열분해/가스화

바이오매스를 산소가 부족하거나 없는 상태에서 고온으로 가열하면 반응 조건에 따라 다양한 생성물이 얻어진다. 이렇게 만들어진 바이오연료는 짧은 시간에 반응 온도를 급격하게 높일 수 있으며, 필요한 에너지를 쉽게 얻을 수 있는 장점이 있다.

(다) 촉매 전환

목질계의 바이오매스를 열분해하여 생성된 바이오 오일이나 합성가스는 열 또는 전기 생산이나 수송용 연료로 사용된다. 목재뿐만 아니라 동식물성 유지도 화학 촉매를 이용하여 바이오디젤이나 다른 수송용 연료로 전환시켜 활용할 수 있다.

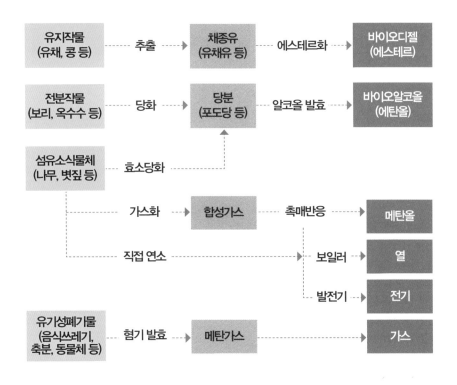

이용 가능한 바이오에너지

생물공정 기술

생물공정 기술에는 크게 발효 과정을 거쳐 바이오연료를 만드는 발효 기술과 박테리아나 미생물을 이용하여 분해 또는 변환시켜 바이오가스를 만들어 사용하는 혐기 소화[3] 기술 등이 있다.

바이오연료인 사탕수수

바이오매스 중 사탕수수나 사탕무, 밀, 옥수수, 보리, 고구마 등 당이나 녹말이 함유된 작물은 미생물을 이용하여 당을 분해하는 발효 과정을 거쳐 바이오연료로 활용된다.

곡물에서 추출하는 당(糖)이란 일반적으로 우리에게 잘 알려진 포도당을 의미한다. 산소가 없는 상태에서 포도당을 미생물로 발효하여 에탄올을 얻는다. 이 과정은 마치 술을 만드는 과정과 흡사하다. 곡물을 발효시켜 알코올을 생성하고, 술을 만드는 것과 같이 발효 방법은 당을 에탄올로 변환시키기 위해 거치는 과정이다.

발효 후에는 술과 마찬가지로 에탄올이 물에 섞인 수용액 형태가 되는데 그 농도가 25% 내외로 많은 양의 수분을 함유한다. 이 정도의 농도를 가진 에탄올을 바이오에너지로 활용하려면 나머지 70% 정도의 수분을 제거해

---

3 혐기 소화 또는 혐기성 소화(anaerobicdigestion, 嫌氣性消化) : 혐기 상태에서 미생물을 이용하여 폐수를 처리하는 방법이다. 혐기성 분해라고도 한다. 무산소성균이 슬러지 중의 유기물을 섭취하여 환원 분해하고, 무용한 무기화합물을 방출하는 것을 말한다.

야 하므로, 별도의 증류 과정이 필요하다. 높은 온도로 가열하여 증류 과정을 거치면 농도를 95% 이상 높일 수 있다.

이렇게 생산된 에탄올은 액체 바이오연료 중 가장 먼저 개발되어 수송 연료로 사용되었다.

유기성 폐기물이 공기가 없는 혐기 조건에서 미생물에 의해 분해되면 메탄이 주성분인 바이오가스가 생성된다. 혐기성 분해는 박테리아를 이용하여 음식 찌꺼기나 가축 분뇨와 같은 유기질 쓰레기를 공기 차단 상태에서 분해하는 것을 말한다. 이런 혐기 소화 공정은 필요한 에너지를 생산할 뿐만 아니라 유기성 폐기물의 양을 크게 줄일 수 있어, 폐기물 처리가 쉽지 않은 지역에서는 매우 유용한 기술이다.

이렇게 만들어진 메탄은 열이나 전기를 생산하는 데 활용되며, 메탄 이외의 찌꺼기는 퇴비로, 나머지 폐기물은 매립하거나 소각시킨다. 최근 유럽연합에서는 바이오가스를 고순도로 정제하여 도시가스를 대체하거나 CNG 차량의 연료로 활용하는 기술을 개발하고 있다.

· **바이오매스로 주목받는 식물 자원**

대부분의 식물들은 대기 중의 이산화탄소를 빠르게 흡수하여 광합성을 하면서 성장한다. 공기 속에 들어 있는 이산화탄소를 흡수하기 때문에 긍정적인 측면이 있으나, 만일 이런 식물들이 에너지로 재활용될 경우에는 이산화탄소 측면에서 단지

재순환한다고 볼 수 있다. 그러나 분명한 것은 추가로 이산화탄소를 배출하지는 않는다고 말할 수 있다. 만일 에너지로 사용하기 위해 대량으로 경작하게 되면, 대규모 가공 과정에서 토양의 침식, 생물 다양성, 자연 경관을 해칠 수 있어 또 다른 환경문제를 가져올 수 있다는 부정적인 견해도 있다.

바이오매스 기술 전망

바이오매스는 나무처럼 가공하지 않고도 태워서 손쉽게 열을 생산할 수 있다. 하지만 최근에는 새로운 가공기술을 이용해 메탄올, 에탄올, 바이오디젤 등 액체 연료로 만들거나, 수소나 메탄가스 같은 기체 연료로 만들 수 있으므로 자동차 연료를 대체할 수도 있을 것이라 기대되고 있다. 이미 일부 국가에서는 바이오매스를 자동차의 대체연료, 발전용 연료, 난방용 연료로 활용하고 있다. 또한 미생물이나 박테리아를 이용한 생화학적인 변환을 통해 직접 바이오에너지로 활용하기도 한다. 즉, 생화학적 변환 과정에서 발생된 반응열로

바이오연료

증기를 만들어 난방에 활용하거나 발전하는 것이다.

비교적 늦게 개발된 바이오디젤은 최근 발전, 난방, 수송 등 그 이용 범위를 넓혀 가고 있다. 바이오디젤은 주로 메주콩, 유채 씨앗, 동물성 지방, 폐식물성 기름 등의 바이오매스로부터 추출한 유기질 기름을 촉매를 활용하여 에탄올이나 메탄올과 결합시켜 에스테르로 변환시켜 만든다.

다양한 바이오에너지 기술이 개발되면서 점차 그 활용범위도 넓어질 것으로 기대되고 있다. 바이오에너지를 활용하여 만들어진 연료는 실제 우리 생활에 널리 활용될 수 있으며, 특히 석유자원을 대체할 수 있는 연료로 큰 기대를 받으면서 많은 연구가 진행되고 있다. 이미 많은 국가에서 개발·활용 중인 바이오디젤 자동차는 기존 가솔린이나 디젤 엔진에 바이오디젤을 바로 이용하는 것과 별도의 엔진을 개발하는 전략이 병행하여 추진되고 있다.

바이오에너지의 장단점

바이오에너지는 재생이 가능한 자원으로, 대부분의 에너지 자원과는 달리 세계 어느 곳에서나 이용할 수 있는 장점이 있다. 바이오연료는 석유를 직접 대체할 수 있는 탄화수소 계열 연료지만, 환경오염 물질을 배출하지 않는 환경친화적인 청정에너지다. 또한 여러 가지 유용한 물질을 부산물로 얻을 수 있다는 점에서도 미래의 자원으로 고려되고 있다.

　이런 이유로 현재는 농어촌이나 화학공장의 부산물을 활용하는 수준이지만, 향후에는 소규모 발전용이나 자동차의 주연료 등 대규모로 사용될 수도 있을 것이라 기대되고 있다. 특히 바이오매스로 주목받고 있는 식물들은 대기 중의 이산화탄소를 흡수하여 빠르게 성장하는 것들로 공기 중 이산화탄소가 축적되어 만들어지는 것이라고 볼 수 있다. 따라서 이렇게 만들어진 에너지를 사용할 경우에도 이산화탄소는 추가적인 배출 없이 단지 순환할 뿐이므로 대기 중 이산화탄소의 총량은 유지된다. 즉, 온실가스 증가를 유발하지 않는 장점이 있다.

　하지만 일부 환경론자들은 대규모 가공과정에서 식물들이 위치했던 토양의 침식, 작물 경작시 비료나 농약의 살포, 식물들을 채취할 때 발생할 수 있는 자연 환경의 훼손 등 바이오에너지의 부정적인 측면도 간과해서는 안된다고 주장한다. 또한 바이오연료는 그 활용 이전에 해결해야만 하는 근본적인 문제가 있다.

　현재 대부분의 바이오연료가 곡물을 원료로 생산되고 있는데, 가뜩이나 세계적으로 식량이 부족한 현실에서 바이오연료를 만들어 사용하는 것이 미래의 식량 수급과 견주어 바람직한 것인지에 대한 논란이 바로 그것이다. 이러한 측면에서도 다양한 관점의 검토와 논의가 필요하다. 자연의 활용은 긍정적인 측면과 부정적인 측면을 모두 가지고 있다는 점에서 균형을 가지도록 바이오에너지를 활용하는 지혜가 필요하다.

· 바이오에너지 활용

바이오에너지 기술을 효율적으로 활용하는 것은 그 나라 실정에 맞는 바이오매스 원료가 얼마나 안정적으로 확보될 수 있는지, 그에 맞는 기술 개발이 충분히 이루어져 있는지가 중요하다. 활용 가능한 바이오매스 자원이 충분치 않은 우리나라 상황에서는 유기성 폐기물과 산림 간벌재 등을 활용하는 방법을 먼저 고려해야 할 것이며, 급격히 늘어나는 수요를 감당하기 위해서는 새로운 바이오매스 자원을 발굴하거나 해외 바이오매스를 활용하는 전략 또한 고려해야 한다. 최근에는 해조류, 미세조류 등 해양 바이오매스를 활용하기 위한 기술, 높지 않은 산에 흔한 억새를 이용한 연료화 기술, 해조류를 차량용 바이오알코올 연료로 전환하는 기술, 식물성 플랑크톤인 미세조류 대량 배양 및 경유 대체연료 전환기술 등이 개발되고 있다.

새로운 바이오매스 해조류

가 새로운 에너지를 개발하는 것은 기존에 우리가 사용하던 자원의 활용방식을 바꾸는 측면도 있다. 예를 들자면 산림자원을 바이오매스 자원으로 활용한다 거나, 농식물을 바이오디젤로 전환하여 사용하는 것이다. 그러나 식량 등 일부 자원의 용도 변경은 먹거리가 줄어든다는 점에서 논란을 불러일으키고 있다. 우리 생활에 넘치는 자원을 다른 용도로 활용할 수 있으면 큰 문제가 되지 않지만, 각각 그 양이 제한적이고 기존 용도에 대한 인식이 고정되어 있는 경우에는 활용에 제약이 있을 수밖에 없다. 여러분은 어떻게 생각하는가?

나 해양 바이오매스, 즉 바다 속에서 자라는 해초 등의 식물은 그 양이 많아 바이오매스로 전환하여 사용하는 것이 당장 환경에 큰 문제를 일으키지는 않을 것이라고 생각된다. 하지만 활용량이 급격히 많아지게 된다면 생태계 먹이사슬에 어떤 영향을 줄 수 있을지 한번 생각해 보자.

다 지금 전기자동차 개발이 한창이다. 전기자동차의 개발, 보급으로 인해 현재 자동차 연료로 사용되는 석유 자원의 여유분이 생기게 된다면, 바이오디젤 같은 연료 개발의 필요성은 어떻게 될지 생각해 보자.

3 풍력에너지
Wind Power

자연이 주는 큰 혜택 중 하나가 바람이다. 풍력발전은 바람이 가지는 운동에너지를 터빈을 이용하여 기계적 에너지로 바꾸고 발전기를 돌려 전기를 생산하는 것이다. 풍력은 소모되지 않아 자원이 풍부하고, 바람이 부는 곳이면 발전이 가능해 다른 재생에너지에 비해 발전 가능 지역이 넓은 장점이 있다. 특히 운전 중에 온실가스 배출이 없다는 점에서 화석에너지 고갈에 대비하여 인류에게 필요한 대체에너지로 여겨지고 있다.

· **초기의 풍력 이용**

인류는 이미 몇천 년 전부터 에너지원으로써 다양한 분야에 바람을 이용해 왔다. 수천 년 전 바다를 건너기 위해 만든 돛단배가 우리 생활에 풍력을 이용한 최초의 사례일 것이다. 기원전 200년경에는 알렉산드리아의 헤론이 바람의 힘을 이용한 풍차(wind-wheel)를 개발했는데, 이것이 역사상 풍력을 이용한 최초의 기계로 알려지고 있다. 이후 실용적인 풍차는 7세기경 이란과 아프가니스탄 사이의 도시 시스탄

바람을 이용한 고대 풍차

에 설치되었던 수직축형 풍차인데, 갈대 매트나 천으로 둘러싼 6~12개의 직사각형 모양 날개가 수직으로 회전할 수 있도록 구성되었으며 물을 퍼올리거나 곡물을 분쇄하는 제분 및 설탕 제조 산업 등에 쓰였다.

풍차의 나라인 네덜란드는 해수면보다 낮은 지형이 많아 육지로 범람하는 경우가 많아 곡물을 재배하기 어려웠다. 그래서 해수의 유입을 차단하는 둑을 쌓고, 대신 농사에 필요한 물은 라인 강 델타지역의 담수를 끌어들여 활용하였는데, 강물이 넘치는 것을 방지하기 위해 적정 수위를 유지하려면 넘치는 물을 바다에 버려야 했다. 이를 위해 덴마크는 14세기경부터 풍차를 개발, 활용하게 되었다. 전기가 발명된 후, 바람을 이용하여 전력을 생산하는 풍력발전기가 등장하였다. 실제 전기 생산에 풍차를 이용한 것은 20세기 초 덴마크로 알려지고 있으며, 제분기나 펌프 등 기계에 동력을 제공했다.

풍력발전의 장단점

풍력을 이용하여 전기를 생산하려면 바람이 가진 에너지로 날개를 회전시키고, 그 회전력을 전기에너지로 변환하여야 한다. 즉, 바람에너지를 전기로 변환시키기 위해서는 회전날개, 운동량변환장치, 동력변환장치, 제어장치 등이 필요하다.

풍력발전은 바람이 강하게 부는 곳이 적합하기 때문에 일반적으로 지상보다는 바람의 강도가 강한 대관령과 같은 산악 고지대나 내륙지방과 온도차가 큰 바닷가 같은 곳에 주로 설치하게 된다. 따라서 대부분 관리하는 사람이 접근하기 어려운 경우가 많아 정밀한 제어장치와 함께 실시간으로 시스템 상태를 감시하고 모니터하는 무인 시스템을 도입하는 경우도 많다.

풍력은 대표적인 신재생 에너지원으로 거의 무한정 이용할 수 있으며, 이산화탄소나 아황산가스 같은 환경오염 물질을 배출하지 않는 청정에너지다. 지구온난화 등 환경 문제와 화석연료 등 자원 고갈 문제를 해결할 수 있는 방안으로 주목받고 있으며, 초기 설치비를 제외한다면 추가적인 발전 비용이 거의 들지 않을 만큼 높은 경제성을 갖추고 있어 가장 큰 잠재력을 가지고 있는 신재생에너지이다.

하지만 기류에 의해 발생되는 바람은 그 방향, 세기, 양이 불규칙하여 인위적으로 발전량을 조절하기 어렵다. 특히 바람의 방향이 계속 변하기 때문에 회전날개의 고장이 잦다. 그래서 요즘에는 바람 방향에 관계없는 회전날개가 개발되기도 했다.

한편 일단 회전날개가 돌기 시작하면 비교적 안정적으로 에너지를 생산할 수 있지만 회전날개의 큰 무게 때문에 정지마찰 계수가 커서 회전을 시작하는 데 큰 에너지가 필요하다. 회전날개가 크면 그만큼 운동량이 커지고 많은 에너지를 생산할 수 있지만, 처음 움직이는 데 힘이 많이 필요하다. 이런 특성으로 회전날개의 적절한 크기가 중요하다.

최근에는 기술이 발전하여 증속기를 달아 속도를 증가시키고 있으며, 이로 인해 발전기의 크기도 감소했다. 비록 일부 단점이 있다고 해도 풍력발전은 신재생에너지 중에서 가장 기술이 발달되어 있으며, 발전단가 측면에서도 가장 경쟁력이 높다고 평가되고 있다. 향후 기술개발이 진행된다면, 기존의 화석연료보다 발전단가가 낮아질 가능성도 크다. 세계 각국에서 풍력이 차지하는 비중은 빠르게 증가하고 있으며, 산업 분야도 놀라울 정도로 빠르게 성장하고 있어 풍력 개발 전망은 매우 밝다고 할 수 있다.

· 풍력발전기의 종류

풍력발전기는 회전축의 방향에 따라 수평축 형과 수직축 형으로 구분되는데, 회전축이 바람이 불어오는 방향에서 볼 때, 지면과 평행하게 설치되면 수평축 형(horizontal axis wind turbine)이라 부르며, 지면과 수직으로 놓이면 수직축 형(vertical axis wind turbine)이라 한다.

일반적으로 수평축 풍력발전기는 비교적 안정적으로 출력을 낼 수 있고 효율도 높아 1MW 이상 대용량을 내는 발전에서는 수평축 형을 사용하며, 100kW급 이하 소형에는 수직축 형도 사용된다.

수평축 발전기는 현재 가장 많이 설치되고 있는 형태이며, 주로 3개 정도의 날개를

직결식 풍력발전기

증속기형 풍력발전기

가진 프로펠러 형이다. 비교적 구조가 단순하며 설치가 용이하고 변환효율이 뛰어나다는 장점이 있다. 그러나 바람 방향을 맞추기 위해 거의 360도를 회전시키는 장치가 설치되어 있는데, 일정하지 않은 바람 방향 때문에 고장이 잦고, 높은 곳에 설치되어 정비가 쉽지 않은 단점이 있다.

풍력발전기는 가급적 정격 풍속에서 운전하는 것을 원칙으로 한다. 그것은 속도의 변화가 적을수록 일정한 전력을 생산하기 쉬우며, 효율이 높기 때문이다. 그러나 발전기가 설치된 곳의 기상 조건이 항상 일정하기는 어렵다.

예를 들어 갑자기 돌풍이 불면 기기의 손상을 가져올 수 있다. 따라서 정해진 범위를 벗어나 갑자기 바람이 빠르게 불어온다면 기기에 허용된 속도 이하로 낮추어 운전되어야 한다. 정격 풍속 이상의 바람이 불면 풍력터빈 시스템을 보호하기 위해 발전량을 조절할 필요가 있다.

해상풍력발전

육상풍력단지가 많아지면서 적절한 입지 조건을 갖춘 새로운 부지를 찾기가 어려워지고 있다. 또한 풍력단지에 적용되는 각종 환경 규제와 소음 및 진동으로 인한 끊임없는 민원 등이 풍력단지 확대에 큰 어려움을 주고 있다.

이러한 육상풍력단지 개발의 어려움을 극복하기 위해 해상에 풍력단지를 조성하려는 움직임이 활발하다. 바다에는 항상 바람이 풍부하며, 바람의 양과 질이 우수한 입지가 많다. 특히 우리나라에서는 풍력발전에 알맞은 새로운 육상풍력단지의 부지를 구하기가 어려운 형편이다. 따라서 이런 한계를 극복하고 풍력 활용의 신뢰성을 높일 수 있다는 점에서 풍력터빈 자체를 해상에 설치하는 해상풍력에 관심을 기울이고 있다.

풍력발전은 태양광과 함께 재생에너지 중 가장 많은 에너지를 공급하는 에너지원으로서 각광받고 있다. 일부 유럽 국가에서는 전체 공급 에너지 중 풍력이 차지하는 비율이 20%를 넘어서는 곳도 있을 정도이다. 중국은 전 세계적으로 가장 큰 풍력발전 시장으로 부상하고 있으며, 급증하는 에너지 수요를 충당하기 위해 원자력과 함께 중국 에너지 공급의 주축을 이룰 것으로 기대되고 있다. 특히 중국은 해상풍력발전에 큰 관심을 가지고 적극적으로 육성하고 있으며, 관련 기술 투자도 급격히 확대하고 있다.

미국은 2010년 기준 총 발전량의 2%에 불과했던 풍력발전을 2030년까지 전체 전력 공급량의 20% 수준까지 확대하는 계획을 세우고 관련 기술

개발과 투자를 지속적으로 늘리고 있다. 유럽에서는 독일, 스페인, 이탈리아, 프랑스, 영국, 포르투갈 등 6개 국가가 누적 설치용량 기준 세계 10위권 수준에 이를 만큼 적극적으로 풍력발전을 도입하였으나, 지형적인 한계로 인해 육상풍력발전의 확대는 주춤하고 있다.

하지만 최근 스웨덴, 덴마크, 핀란드, 노르웨이 등 북구 나라들을 중심으로 해상풍력발전 확대를 적극적으로 추진하고 있다. 특히 섬나라인 영국은 지형상 유리한 해상풍력 개발에 박차를 가하여, 2015년 전체 풍력발전의 60% 이상을 해상풍력이 차지할 정도이다. 또한 관련 기술개발도 선도적으로 추진하고 있다.

• 로드산트 계획

바다에서는 육지보다 비교적 바람이 강하게 불고 풍속도 비교적 고르다는 장점이 있다. 비록 심해에 발전기를 설치하는 어려움이 있으나, 장비 운송의 어려움은 없다고 볼 수 있다. 특히 가장 큰 민원인 소음 문제가 영향을 주지 않기 때문에 주민들과의 마찰이 적다. 모든 점을 고려한다면 수심 5~15m 정도의 얕고 넓은 바다가 적지라고 볼 수 있다. 예를 들어 덴마크에서는 이런 조건을 만족하는 근해에 "로드산트 II" 계획을 세워 해상풍력발전소를 건설하고 있다.

이렇게 지상에서의 입지적 제약을 극복하기 위해 해상풍력을 확대하는 국가들이 많지만, 해상에 풍력발전을 설치할 때에는 추가적인 건설, 관리

비용이 필요하다. 해상풍력발전은 터빈을 지지하는 지지 구조물, 해저 케이블, 해상 변전시설 등이 추가로 필요하여 건설 비용이 두 배 이상 많이 들고, 고장이 날 경우 수리하는 데 소요되는 비용과 기간이 길어진다.

수시로 바뀌는 바람 방향에 영향을 적게 받기 위한 새로운 재료와 회전축 마찰을 최소화하는 기술이 필요하며, 수면 위 높은 곳에 위치한 풍력발전기가 고장 났을 때 이를 용이하게 수리하기 위한 보수 운용기술이 필요하다. 특히 해상풍력발전기 고장의 대부분이 해상의 기상 악화일 가능성이 크기 때문에 고장 수리를 위한 접근성이 떨어지는 점 등 앞으로 해상풍력 보수운영의 어려움을 해결할 수 있는 기술이 개발되어야 그 경제성을 확보할 수 있을 것으로 예상된다.

풍력발전의 전망

우리나라에서도 풍력발전을 확대하기 위한 계획이 수립되어 추진 중이다. 정부는 이미 세계 5대 신재생에너지 강국으로 도약하기 위해 태양광과 풍력을 주력으로 투자하겠다는 신재생에너지산업 발전전략 계획을 의욕적으로 수립하였으며, 특히 경제성 확보를 위해 대형화를 원칙으로 기술개발에 투자를 확대하고 있다.

그러나 풍력발전에 적합한 부지가 많지 않다는 점이 우리나라 풍력발전산업의 성장을 저해하는 가장 큰 걸림돌이다. 현재 주로 바람 세기가 강한 강원도 산간 지역, 제주도 해안가, 남부 해안 지역 등 일부 지역에만 풍력발전 단지가 조성되어 있다.

한편 남해안 일부 지역이 해상풍력 개발에 적합하다는 타당성 연구가 수행된 바 있어, 대규모 해상풍력단지를 조성하는 계획이 추진 중이다. 앞서 언급한 바와 같이 해상풍력은 육상풍력에 비해 풍력자원이 우수하고 대단지화에 유리하지만, 기반 공사 및 해저 케이블 공사로 인해 많은 초기 투자비용이 필요하다는 단점이 있다.

그럼에도 우리나라와 같이 천연자원이 부족한 국가에서는 현재 기준에서 단순히 경제성을 비교하기보다는 빠른 기술개발 속도와 화석연료(석탄, 석유 등) 고갈에 대비한다는 측면 등을 고려하여 장기적인 관점에서 적극적으

백두대간에 설치된 풍력발전기

로 해상풍력을 육성하는 정책이 필요하다고 생각된다.

요즈음 날개 없는 풍력발전이 화제이다. 이런 신개념의 풍력발전기가 풍력발전의 가장 큰 문제인 회전날개의 단점을 극복하는 새로운 돌파구가 될 수 있을 것 같다. 날개 없는 풍력발전기는 마치 야구 방망이 같은 모양으로 윗부분의 기둥은 매우 가볍기 때문에 쉽게 진동한다. 아랫부분에는 기둥 안쪽과 바깥쪽에 자석 링이 들어 있어 마치 용수철처럼 진동을 증폭시킬 수 있다. 두 기둥 사이에 보이는 까만 링은 선형 교류발전기이다. 기본적인 원리는 기둥 윗부분의 진동에너지를 전기에너지로 바꾸는 것이다.

날개 없는 풍력발전

미국 워싱턴주 타코마시에는 좁은 해협을 통과하기 위해 건설된 타코마 다리가 있었다. 그런데 개통한 지 넉 달 만에 공기 소용돌이가 일으킨 진동으로 이 다리가 무너져 버렸다. 처음에는 바람에 의한 진동과 다리 자체의 진동이 공명하여 증폭된 '공진' 사례로 알려졌지만, 최근에는 단순히 공기 소용돌이가 다리를 심하게 흔들어 붕괴된 것으로 분석되고 있다.

공기 소용돌이의 일종인 '카르만 소용돌이'는 흐르는 유체 속에 물체를 넣었을 경우, 유체가 물체의 주변에서 서로 다른 방향으로 번갈아 도는 현상을 말한다. 이로 인해 물체는 심하게 흔들리면서 진동한다. 유체의 저항이 커지면서 앞으로 진행하기 어렵게 된다.

이런 예는 여러 곳에서 찾아볼 수 있다. 잠수함이 갑자기 물의 저항을 크게 받는 경우나 난기류에 의해 비행기 고도가 갑자기 떨어지는 경우 등이 모두 이런 현상 때문이다. 바람이 심하게 부는 날 전선에서 큰 소음이 나는 것도 카르만 소용돌이 때문이다. 이처럼 공기 소용돌이의 운동에너지를 한 곳에 모아 전기에너지로 바꿀 수 있다면 큰 이득이 될 것이다.

날개 없는 풍력발전은 비행체나 잠수함 같은 수송수단에게는 불리한 공기 소용돌이를 오히려 역으로 이용한 것이다. 만일 날개 없는 풍력발전이 성공한다면 우선 회전하는 데 필요한 부품과 장비가 획기적으로 줄어들 뿐 아니라 건설비, 유지비, 보수비 모두 줄어들 것으로 예상되며, 궁극적으로 발전단가가 크게 낮아질 것이다. 또한 큰 회전날개로 인한 다른 발전기와의 간섭을 줄일 수 있어 동일 면적에 더 많은 발전기를 설치할 수 있다.

지상에서 그리 높지 않은 곳에서는 바람의 속도가 빠르지 않고 불규칙하다. 일반적으로 풍력발전기의 높이는 100m 이하인 곳이 많다. 만일 바람 세기가 강한 더 높은 곳에 설치한다면 어떨까?

만일 500m 정도의 높이에서 바람을 이용할 수 있다면 분명히 장점들이 많을 것이다. 이렇게 높은 곳에서는 공기 밀도가 낮아지는 단점은 있지만 바람의 속도가 훨씬 빠르고 일정한 것이 장점이다. 일반적으로 바람에너지는 밀도에 비례하고 풍속의 세제곱에 비례하기 때문에 전체적인 효과는 지상에서보다 5~8배에 달할 것으로 예상된다.

이런 아이디어는 미국의 '알트에어로스 에너지스'사에 의해 개발되고 있다. 고고도의 풍력발전을 위해 개발된 지름 15m의 거대한 원통형 헬륨 비행선은 바람이 중앙을 통과할 수 있게 뚫린 구조로 만들어졌으며 그 안쪽 면에 발전기를 설치했다. 비행선은 약 상공 500m 전후로 떠 있는 상태에서 전력을 생산하여 지상으로 송전한다. 또한 바람의 방향이 바뀔 때는 비행선 바깥 면에 설치된 여러 개의 보조날개에 의해 비행선이 항상 바람을 향하도록 만들어져 있다.

발전 규모는 수십kW 정도로 작지만 기술 발전에 따라 규모를 크게 만들 수 있을 것으로 보인다. 아직 경제성이 입증되지는 않았지만 바람이 강한 곳으로 쉽게 이동하여 운전이 가능하고 친환경적인 발전 방식으로 육상풍력발전단지의 많은 문제점을 해결할 수 있는 매력적인 아이디어라고 생각된다.

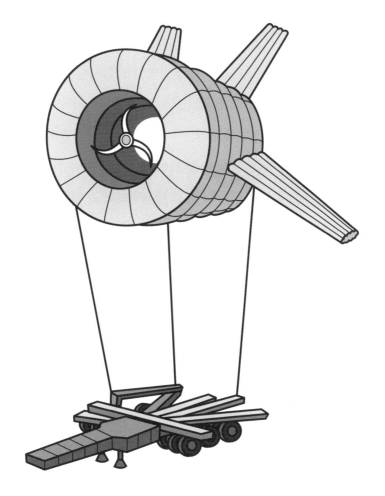

알트에어로스 에너지스사가 개발한 풍력발전기가 달린 헬륨 비행선

구글에서 개발한 또 다른 아이디어도 관심을 끌고 있다. 구글의 '마카니'는 상공을 원형으로 비행하며 발전하는 형태이다. 프로펠러가 발전기 역할을 한다. '마카니'는 4개 또는 8개의 프로펠러를 달아 전력을 공급하여 일정 고도에 올리면 바람의 힘만으로 바퀴가 굴러가듯이 커다란 원을 그리면

서 회전한다. 이때 프로펠러의 역할이 모터에서 발전기로 바뀌면서 전기를 생산하는 원리이다. 바람 속도가 초속 11.5m 이상일 경우, 약 600kW의 전력 생산이 가능할 것으로 예상된다.

하늘에 띄우는 연과 같은 형태의 풍력발전기도 개발되고 있다. 이탈리아의 '카이트젠'사는 패러글라이드 모양의 연을 개발하여 구동부는 하늘을 날게 하고 발전기는 지상에 설치하는 형태의 발전을 시도하고 있다. 일단은 인공바람을 이용하여 연을 지상에서 띄운 다음, 일정 고도에 도달하면 자연바람을 타고 연이 높이 날아오르는데, 이때 줄로 연결된 발전기가 마치 실패가 풀리듯 돌아가면서 전력을 생산하는 원리이다.

카이트젠사는 약 3MW 정도의 전력 생산을 목표로 이 기구를 개발 중인데 높은 고도까지 연을 띄워 높은 상공의 바람을 이용할 수 있기 때문에 발전 효율성이 높은 장점이 있다고 한다.

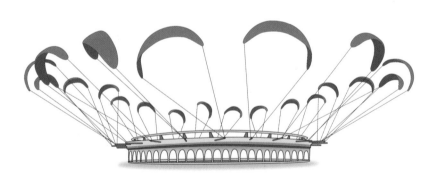

카이트젠사가 개발한 연 모양의 풍력발전기

이 방식의 발전은 높이 날아 오른 연을 다시 감을 때 그 에너지 손실을 어떻게 줄이느냐가 관건인데, 연의 한쪽 끈은 풀고 다른 한쪽 끈은 당겨 바람과 수평 방향으로 연을 돌리면서 전력 소모를 최소화하는 등 여러 가지 해결책을 찾고 있다고 한다.

풍력발전을 위한 다양한 아이디어들이 나오고 있지만 이들을 실용화하려면 아직 상당한 기술개발이 필요할 것으로 예상된다. 가장 큰 문제는 설치비, 운전 가능성, 유지보수비 등 경제성이다. 도서 지역과 같이 송전망이 제대로 깔려 있지 않지만, 전력이 필요한 지역에서는 기존에 설치되어 있는 디젤 발전기보다 경제성이 뛰어나야 한다. 신개념 풍력발전기들은 주로 이런 오지에 적용하는 것을 목표로 개발되고 있다.

가 어릴 때 바람개비를 가지고 논 적이 있을 것이다. 방앗간에서 사용하던 물레방아는 물의 낙차를 이용한 것이지만, 이와 유사하게 풍차를 돌려 곡식을 빻기도 한다. 조상들이 풍력을 사용했던 예를 생각해 보고, 앞으로 바람의 힘을 이용할 수 있는 분야를 생각해 보자.

나 육상풍력발전이 활성화된다면 그만큼 토지의 정상적인 이용이 어려워질 가능성이 있다. 바다는 부지에 대한 걱정이 없고 바람이 존재하는 시간이 많다. 육지와 바다의 온도 변화가 달라서 상대적인 기류 변화가 생기기 때문이다. 해상풍력발전이 앞으로 많아질 것으로 기대되지만 어려움이 있다. 장단점을 생각해 보고 단점을 극복하기 위한 개선점도 찾아보자.

다 회전날개가 크면 회전력이 증가하여 더 많은 운동에너지를 얻을 수 있으나, 처음 회전하려면 많은 에너지가 필요하다. 정지마찰을 최소로 줄이고 회전을 시작할 수 있는 기술이 관건인데, 이를 만족시키고 최대 에너지를 생산하려면 어떻게 하는 것이 좋을지 생각해 보자.

라 풍력발전기에 회전날개가 없으면 어떻게 회전력을 얻을 수 있을지 그 원리를 생각해 보자.

4 수력에너지
Hydro Power

수력발전은 높은 곳에서 물이 떨어질 때 그 낙차에 의한 위치에너지를 기계적 에너지로 변환하고 이것을 다시 전기에너지로 변환하는 발전 방식이다. 우리 조상들은 예로부터 방아를 찧고 논에 물을 대는 데 물레방아를 이용하는 등 일찍이 수력에너지를 잘 활용했다. 떨어지는 물의 힘을 이용하여 회전체(물레방아)를 돌리고, 회전체의 운동에너지를 일에너지로 바꾼 것이다.

이와 같은 원리가 그대로 수력발전에 이용되고 있다. 과거에는 자연환경 그대로 낙차를 이용했지만, 현대 수력발전은 인공적으로 낙차를 크게 하고 물의 양을 늘려서 위치에너지를 대규모로 활용하는 것이 특징이다. 즉 인공적으로 댐을 만들어 흐르는 물을 많이 모으고, 이를 보다 높은 위치에서 한꺼번에 흘러내리게 함으로써 큰 수력에너지를 만들 수 있게 됐다. 이미 우리나라에서는 지형적으로 낙차를 활용할 수 있는 곳에 대규모의 수력발전을 충분히 개발했으며, 우리나라 전체 전력의 약 9%를 이러한 수력발전이 담당하고 있다.

수력발전은 비교적 가동과 정지가 용이하여 운영비가 적게 들고, 운전이나 유지보수가 간단하다는 장점이 있으며 또한 사용되는 기기들도 비교적 수명이 길어 반영구적이다. 그러나 국토가 좁은 우리나라에는 수력발전에 적합한 지형이 그렇게 많지 않고, 활용 가능한 곳은 이미 댐을 건설해서 앞으로 새로운 수력발전소 건설은 기대하기 어려운 상황이다.

소수력발전

　　　　　　　　　　　이미 충분히 개발되어 활용되고 있는 수력발전을 신재생에너지로 분류하기는 적합하지 않아 보인다. 특히 대규모의 댐을 건설하여 물의 낙차를 이용하는 수력은 신재생에너지 범주에 포함시키기 어렵다.

　과거에는 시설용량이 10MW 이하를 소수력(small hydropower)으로 규정하였다. 그래서 대규모의 수력발전과 구분하여 소규모의 수력발전을 신에너지 범주에 포함하여 구분하였는데, 2005년에 개정된 '신에너지 및 재생에너지 개발, 이용, 보급촉진법'에서는 수력설비용량 기준을 삭제하여 양수를 제외한, 소수력을 포함한 모든 수력을 신재생에너지로 정의하였다.

　그러나 실제로는 신재생에너지 연구개발 및 보급 대상으로 발전설비용량이 10MW 이하인 소수력만을 포함하고 있으며, 발전차액지원제도는 5MW 이하만을 지원하고 있다. 비록 개정법에서는 전체 수력을 신재생에너지 범주에 포함시키고 있지만, 현실적으로 신에너지로 분류되는 것은 소

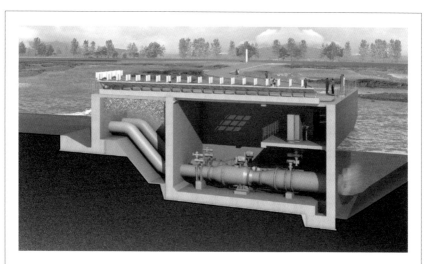
제주 해양소수력발전 www.gmi.go.kr

규모에 한정되어 있다. 기술의 대부분이 수력에서 기인했다 하더라도 소수력 발전에만 개발, 적용되어야 하는 새로운 기술들이 있기 때문이라고 생각된다.

소수력발전은 하천이나 저수지 물의 위치에너지를 운동에너지 또는 일에너지로 변환시켜 발전하는 방식이다. 즉, 낙차에 의한 위치에너지로 수차(Turbine)를 회전시키고, 수차의 회전력으로 발전기를 돌려 전기를 생산해 낸다.

기술개발 전망

      수력발전은 다른 신재생에너지에 비해 개발 역사가 오래되었으며, 가동 실적도 많고 축적된 기술력도 높은 편이다. 또한 수력발전은 신재생에너지원 중에서 에너지 변환효율이 가장 높은 편에 속하며 에너지 밀도 또한 높다.

  소수력발전은 어느 정도의 낙차만 있어도 발전이 가능하기 때문에 대규모 수력발전에 비해 친환경적이며 수력발전에 사용되었던 대부분의 기술들이 소수력발전에도 그대로 적용될 수 있다는 점이 큰 장점이다. 다만 초기 투자비용이 많고 소규모라서 경제성이 다소 낮은 것이 단점이지만, 다른 장점들로 인해 극복될 수 있을 것으로 보인다.

  무엇보다도 지리적으로 떨어져 있어 송전이 어렵고, 대규모의 발전소를 짓기 어려운 지역에 살고 있는 사람들에게 국가가 책임지고 전기를 공급한다는 관점에서 본다면 단순히 경제성만이 아닌 공익 차원에서 소규모 발전형태는 반드시 필요하다. 이런 측면에서 소수력발전은 특히 도서지역이나 산간벽지에도 설치할 수 있으며 자연 낙차가 크지 않은 곳에서도 다양하게 개발되어 있는 저낙차용 수차들을 이용해 발전할 수 있다는 장점이 있다.

  지리적으로 수자원이 풍부한 중국, 캐나다, 미국, 브라질 같은 국가에서는 수력에너지를 활발하게 이용하고 있다. 아직도 많은 지역을 개발할 수 있는 중국은 2020년까지 수력발전을 3,000MW까지 확대할 계획이며 적절한 지역을 탐색하는 작업이 활발하게 이루어지고 있다. 그러나 이런 국가들이 추진하는 것은 대규모 수력발전이 주종을 이루고 있다.

　우리가 관심을 가져야 할 것은 신에너지로 개발이 가능한 소수력발전이다. 독일과 같은 나라에서는 기존의 대규모 수력도 잘 활용하고 있지만, 소규모 또는 극소규모(Micro) 수력발전도 많이 개발되고 있다. 독일 정부는 부존에너지를 최대한 활용하기 위하여 발전소 평균 설비용량이 58kW 수준인 극소규모 소수력발전소의 건설 및 운영을 적극적으로 지원하고 있다.

　우리나라에서도 신재생에너지 의무할당제로 인해 수력개발의 필요성이 부각되어 농업용 저수지, 하수처리장, 수도관로, 하수종말처리장, 화력발전소의 냉각수 등을 이용한 소수력발전 개발과 활용도 높은 수차들이 활발하게 개발되고 있다. 초기에는 물의 위치에너지와 유량만을 이용한 소수력발전이 대부분이었으나, 물의 유속까지 고려한 저낙차 초소형 수차가 개발되면서 하수처리장이나 양어장처럼 개발 조건에 맞지 않아 부적합하다고 생각되었던 곳에서도 소수력발전이 가능하게 되었다.

　그러나 결국 경제성이 문제되므로 미래에는 국내 부존자원을 최대한 활용할 수 있는 소수력발전 기술, 수차발전기의 국산화 및 표준화, 소수력발전 분야 원천기술 등의 확보가 필수적이라고 할 수 있다.

5 해양에너지
Ocean Energy

지구 표면의 75%를 차지하는 바다는 다양한 형태의 에너지를 가지고 있다. 파랑, 조위, 조류, 수온, 염도 등 바다가 제공하는 다양한 해양에너지는 또 다른 무한 자원이다.

그러나 바다의 상태는 변화를 예측하기 어렵고, 인간이 견디기 어려울 정도의 심한 풍랑, 지진해일 등 수시로 가혹한 환경이 만들어진다는 점 때문에 다른 신재생에너지 분야에 비해 상대적으로 기술개발이 더디게 진행되었다.

해양에너지란 조수 간만의 차이, 파도, 해류, 해수의 온도와 염도 차이를 변환시켜 전기 또는 열을 생산하는 기술을 말한다. 전기 생산은 조력, 파력, 온도차, 염도차 등을 이용한 발전 방식이 있다.

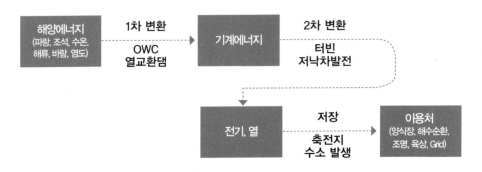

조력발전

조석에 따라 해수면은 주기적으로 상승과 하강을 반복하는데, 이에 따라 형성되는 해수의 흐름을 조류라고 한다. 조력발전은 조수 간만의 차를 동력원으로, 해수면의 상승/하강 운동을 통해 발생되는 에너지를 이용하여 전기를 생산하는 기술이다.

조수 간만의 차가 심한 곳에 방조제를 만들고 밀물과 썰물이 생기는 바깥 바다와 안쪽 호수의 물높이 차이를 이용해 물을 호수로 끌어들이면서 터빈을 돌려 전기를 생산하는 방식이 조력발전의 원리이다.

최초의 조력발전소는 프랑스의 랑스(Rance)강 입구에 세워진 발전소로, 24개의 발전기와 850m에 달하는 제방으로 건설되었다. 이후 세계적으로 많은 조력발전소가 건설되었으며, 우리나라에도 시화방조제의 중간 댐 아래에 세계 최대 규모의 발전소가 건설되어 운영 중이다.

조력발전은 주로 조수 간만의 차이가 평균 3m 이상인 곳에서 이루어지며, 일반적으로 폐쇄된 만의 형태를 가진 곳이 적합하다. 해저의 기반이 견고하여 쉽게 바닷물을 채우고 비울 수 있는 지형이 적합하여, 일부러 바닥을 견고하게 메우기도 한다. 시화호같이 바다의 일부를 매립한 곳이 조력발전에 많이 이용되는 이유다. 한편 생산된 에너지의 손실을 최소화하기 위해 발전소와 가까운 거리에만 전기를 공급하는 경우가 많다.

우리나라의 서해안 지역은 조수 간만의 차이가 심하고, 큰 건설비를 들이지 않고서도 발전소를 지을 수 있는 조력발전에 적합한 곳이 많다. 이런

시화호 조력발전소

좋은 입지조건을 활용하여 이미 가로림만, 시화호, 강화, 인천만, 아산만 등 5개 지역에 조력발전이 추진 중이며 일부는 이미 가동되고 있다. 특히 시화호 수질 개선 대책의 일환으로 조성된 시화호 조력발전소는 254MW 용량으로 세계 최대 규모이며 처음에는 호수 내부로 유입된 물을 담수화하여 사용하려고 하였으나, 해수 흐름이 원활하지 않고 퇴적물이 쌓이는 문제가 있어 해수 그대로 활용하는 해수호 형태로 전환되었다. 이후 시화호는 수질이 개선되었고 2004년 조력발전소 건설에 착수한 지 7년 만인 2012년 1월 가동을 개시하여 청정에너지를 생산하고 있다.

한편 가로림만에 건설 계획인 조력발전소는 시화호보다 약 2배 이상 큰 규모이다. 인천 만에는 시화호보다 약 10배 정도 큰 규모의 발전소를 단류식 낙조방식으로 건설할 계획이나 인허가 과정에서 주민 보상 등 해결해야 할 민원이 아직 다 해결되지 않아 지연되고 있다.

파력발전

파력발전은 연안 또는 심해에서 발생되는 파랑의 운동에너지와 위치에너지를 이용하여 전기를 생산하는 기술을 말한다. 파도가 가진 에너지를 이용하려는 노력은 19세기 말부터 꾸준히 시도되었지만 상용화되지는 않았다.

1970년대 두 차례에 걸친 석유파동이 일어난 후 대체에너지의 필요성이 크게 대두되면서 파력발전은 하나의 대안으로 등장했고, 비로소 본격적인 개발이 시작되었다.

1974년 스코틀랜드 에딘버러 대학의 솔터 교수(Stephen Salter)는 솔터의 오리(공식적으로는 에딘버러 오리)라는 장치를 개발하여 파력에너지를 전기로 바꾸는 이론을 제시하였고, 이를 바탕으로 영국에서 처음 개발이 시도되었다. 그러나 파력에너지의 전기 변환율이 너무 낮아서 오래가지 않아 이 프로젝트는 중단되었다. 이후에도 여러 시도가 있었지만 파도의 불규칙한 운동, 기후 변화에 따른 의외성, 그리고 특히 해수의 염분으로 인해 기기들이 잘 부식된다는 어려움이 드러났다.

21세기에 들어서며 한 스코틀랜드 회사에서 해양의 표면파가 내는 에너지를 다양한 형태의 운동을 이용하여 전기로 변환시키는 장치인 페라미스(Pelamis)를 개발하였으나 아직 제대로 빛을 보지 못하고 있다. 하지만 파도가 칠 때 공기를 밀어 올리는 힘으로 터빈을 돌려 발전하는 파력발전소는 한번 설치하면 거의 영구적으로 사용할 수 있고, 공해를 유발하지 않는 장점이 있어 세계 각국에서는 다양한 기술개발을 시도하고 있다.

한편 파력발전은 입지 선정이 어렵고 초기 제작비가 많이 들어 발전단가가 높다는 단점이 있다. 또 발전소가 건설되면 주변 선박 운행에 지장을 줄 수 있으므로 선박 운행이 잦은 곳이나 특히 하역 작업이 이루어지는 곳 근처는 발전소 건설을 피해야 한다. 그러나 꾸준한 연구와 기술개발로 에너지 변환기술이 급속도로 발전하고 다양한 설비 시험이 성공적으로 수행되면서 대규모 파력발전의 실현 가능성이 점점 커지고 있다.

파력발전은 소규모 개발이 가능하고 설치 구조물을 방파제로 활용할 수 있는 장점이 있다. 파력발전은 주로 파도가 풍부한 연안, 육지에서 30km 미만인 곳에 설치되며, 수심이 너무 깊으면 파도 에너지가 분산될 수 있기 때문에 수심 약 300m 미만의 바다가 적합하다. 일반적으로 편서풍이 부는 아열대지역이나 온대지역이 적합하다고 알려져 있으며, 우리나라 서해안도 이런 지역에 속하기 때문에 제주도 서쪽 비양도 근처에 파력발전소를 건설하고 있다.

조류발전

조력발전이 댐을 만들고 외해(外海)와의 낙차를 이용하여 발전하는 것과는 달리 조류발전은 조류의 흐름이 빠른 곳에 수차발전기를 설치하고, 자연적인 조류의 흐름을 이용하여 수차발전기를 가동시켜 발전하는 방식이다.

조류발전은 해수 유동에 의한 운동에너지를 이용하여 전기를 생산하는 기술로 조류의 흐름이 빠를수록 그 효율이 좋아진다. 초속 2m 이상의 조류가 있는 곳에서 조류발전이 가능한 것으로 알려져 있으며, 조류의 특징이 강하게 나타나는 곳이 적합하다.

그러나 조류가 빠른 지역에 발전기를 설치해야 하므로 입지가 제한적이며 대규모 발전이 어렵다. 그럼에도 날씨 변화에 관계없이 일정한 양의 발전이 가능하다는 장점이 있어 타 재생에너지 대비 신뢰성이 높은 편이다. 또한 해수 흐름이나 해양 환경에 거의 영향을 주지 않기 때문에 조력발전보다 더 환경친화적이라고 평가받고 있다.

국내에서 조류발전이 가능한 후보지로는 과거 이순신 장군이 13척의 배로 200여 척의 왜적을 물리쳤던 울

조류발전 개념도(출처 : http://blog.skenergy.com/261)

돌목이나 맹골수도와 같이 급류가 형성되는 곳들이 거론되고 있으며, 이미 2009년부터 울돌목에는 1MW급의 조류발전 시스템이 완공되어 시험 운영하다가 2022년 3분기에 신재생에너지 인증을 받아 비록 소규모(100Kw 미만)지만, 본격적으로 실증 시험을 하고 있다.   이 밖에도 장죽수도에는 150MW급의 발전을 계획하고 있으며, 맹골수도에는 이보다 더 규모가 큰 250MW급의 조류발전을 기획하고 있다.

기술개발이 가장 활발한 나라는 섬나라 영국이다. 조류발전에 적합한 부지가 많고 해역에서 해수의 흐름이 빠른 곳이 많은 영국은 독자적인 조류발전시스템을 개발하여 실해역 시험을 진행하고 있다. 다양한 형태의 터빈을 개발하고 있으며 1MW급 대규모 상용 발전도 계획하고 있다.

해수 온도차 발전
Ocean Thermal Energy Conversion : OTEC

해수 온도차 발전은 해수면의 온수와 500~1000m 정도 심해의 냉수 간 온도 차이를 이용하여, 열에너지를 기계적 에너지로 변환시켜 전기를 생산하는 기술이다. 해수 온도차 발전의 원리는 비교적 간단하다. 바다의 온도를 살펴보면 고위도, 중위도, 저위도 등 위도별로 특유의 수직 분포를 가지고 있으며, 저위도와 중위도 지역에서는 온도 분포가 수심에 따라 급격하게 변한다. 또한 매우 낮은 수온을 유

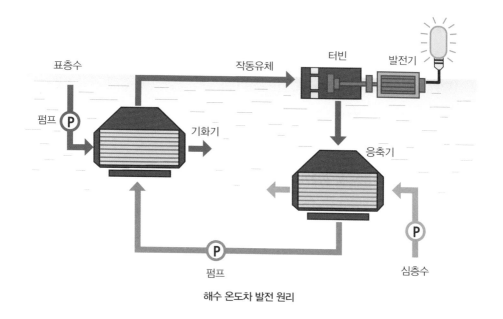

표층수　　　　　　　　작동유체　　　　터빈　　발전기

펌프

기화기

응축기

펌프　　　　　　　심층수

해수 온도차 발전 원리

지하고 있는 수심 1km 이상의 심해 수역을 영구 '수온 약층'이라고 하는데, 이는 고위도의 찬물이 가라앉아 이동한 결과로 추정된다. 해수 표면의 온도는 연간 20℃ 이상을 유지하지만, 약 500m 정도만 바다 속으로 들어가면 온도는 2~5℃로 낮아진다.

이렇게 해수면과 심층 사이의 큰 온도차를 이용하여 액체와 기체 간 상㈜변환이 가능한 매개 물질인 유체를 통해 증기를 얻고 터빈을 돌려 전기를 생산한다. 사용한 매개체인 유체는 다시 액체로 응축시켜 사용하는데 주로 저온 비등 냉매가 사용된다.

이 발전 방식은 낮은 효율 때문에 연중 표층과 심층수의 온도차가 17℃

이상인 곳에 주로 적용되며, 연중 해수 온도차가 충분히 긴 기간 동안 유지되고 어업이나 선박 운행에 지장을 주지 않는 지역에 설치할 수 있다.

해수 온도차 발전은 약 100년 전부터 프랑스 과학자에 의해 제안되었으며, 1973년 1차 석유파동을 겪으면서 미국과 일본을 중심으로 본격적인 기술개발이 시작되었다. 특히 미국은 1979년에 하와이에 50kW급 온도차 발전 시스템을 시험하였으며, 1993년에는 210kW급 온도차 발전 시스템을 완공하여 약 5년 동안 성공적으로 가동하여 주변지역에 전력과 용수를 공급한 기록이 있다.

그 후 꾸준히 기술개발을 수행하여 최근에는 10MW급 해수 온도차 발전 시스템을 건설하고 있다. 우리나라 동해는 수심에 따른 온도차가 커서 이런 온도차 발전에 유리한 곳이 다수 있다. 불과 수심 3~400m에서 바닷물 온도가 1℃ 이하로 내려가는 곳이 많으며, 특히 울릉도 주변에서 쉽게 이런 현상을 발견할 수 있다. 이는 러시아 연안의 차가운 물이 가라앉아 남쪽으로 이동하여 '수온약층'[4]을 형성한 것으로 추정되며 온도차 발전에 매우

---

4   수온약층(thermocline, 水溫躍層) : 바다에서 깊이에 따른 수온이 급격하게 감소하는 층을 말한다. 수온약층의 깊이는 계절, 장소에 따라서 달라진다. 해수를 온도에 따라 구분하면 세 개의 층으로 나누어지는데 위로부터 혼합층, 수온약층, 심해층 순이다. 혼합층은 바람의 혼합으로 인해 수온의 변화가 없는 층이며, 심해층은 열이 전달되지 않아 수온이 낮은 상태로 변화가 거의 없는 층이다. 수온약층은 따뜻한 혼합층과 차가운 심해층 사이에 위치하기 때문에 아래로 내려갈수록 온도가 급감한다.
수온약층은 대기권의 성층권과 같이 가장 안정(밀도가 큰 찬물이 아래에 있고 밀도가 작은 따뜻한 물이 위에 있으므로)한 층으로 혼합층과 심해층의 물질과 에너지 교환을 억제한다. 또한 수온약층은 적도에서는 얕고, 중위도 지방에서는 깊고, 한대 전선 위쪽에서는 나타나지 않는다. 적도 지방의 혼합층이 얕은 까닭은 적도 무풍대로 바람이 약하여 혼합 작용이 약하기 때문이며, 고위도에서는 찬 해수의 냉각으로 해수가 침강하기 때문에 혼합층과 수온약층 없이 모두 심해층으로 되어 있다.(두산백과 인용)

유리한 조건이다.

이를 이용하여 우리나라도 동해에서 온도차를 이용한 전력 생산을 시도하고 있다. 또한 국내에서도 해수 온도차를 이용한 냉난방 기술에 관한 연구가 마무리 단계에 이르렀으며, 2008년에는 삼척에 실증 플랜트를 설치하여 운영중이다. 최근에는 해양 심층수 개발이 활성화되면서 심층수의 저온을 활용한 해수 온도차 이용 기술에 관한 연구가 진행되고 있다.

해수 염도차 발전

해수 염도차 발전은 큰 강의 하구에서 강물과 바닷물이 만날 때, 삼투압작용으로 소금 농도가 낮은 강물(약 0.05%)이 소금 농도가 높은 바닷물(약 3.5%)로 빨려 들어가는 압력을 이용하여 발전하는 방식이다. 강물과 바닷물 사이에는 염도 차이로 인한 압력 차이가 발생하는데, 이는 약 240m 높이의 수력발전소 댐에서 떨어지는 에너지 정도를 낼 수 있다.

이 기술은 환경에 대한 영향이 매우 적고, 계절에 관계없이 항상 가능하다는 장점이 있다. 현재까지 염도차 발전은 노르웨이와 네덜란드를 중심으로 연구가 활발하게 진행중이나 아직은 초기 단계에 머물고 있다.

해수 염도차 발전은 아직 상업 발전을 시작하지는 못하였고, 노르웨이와 네덜란드에서 실증 실험이 수행되고 있다. 노르웨이는 2009년에 전력 규모가 2~4kW 정도로 미약한 상태이지만 최초로 프로토타입인 PRO(압력지연삼투, Pressure Retarded Osmosis) 발전소를 건설하였고, 2020년까지 25MW 규모의 발전소를 건설/운영할 계획이었으나 아직까지 완공되지는 않았다. 네덜란드는 염도차 발전을 개발하기 좋은 입지조건을 갖추고 있어 정부가 앞장서 기술개발에 나서고 있다. 두 번의 시험 플랜트를 건설하여 기술을 입증한 상태로 2018년부터 200MW급의 발전소 건설을 시작할 예정이다.

　우리나라도 염도차 발전을 위해 많은 투자를 하였으며, 새만금과 낙동강 하구 등이 적합한 지역으로 평가되고 있다. 2015년까지 50kW급의 실증 플랜트를 건설하여 실험하고 있으며, 2025년에는 200MW급의 상용화 발전소를 건설할 예정으로 연구에 박차를 가하고 있다.

기술개발 전망

　　　　　　　바다가 가진 다양한 에너지원을 활용하기 위해 많은 기술이 개발되어 활용되어 왔다. 에너지를 변환시켜 전기를 생산하고자 하는 노력은 다양한 변환시스템을 창조해 냈으나 해양환경의 불리한 접근성과 거친 환경 때문에 실증에 상대적으로 오랜 기간과 많은 비용이 들었으며, 연안 해역에서 검증된 기술도 매우 제한적이다. 또한 해양에너지를 직접 이용하는 변환기술이 아직은 효율이 매우 낮은 편이다.

　온도차 발전은 과도한 시설투자에 비해 경제성이 매우 낮으며, 다른 발전 방식들도 아직 충분한 경제성을 갖추지 못한 상태라고 보인다. 지금까지 실용화되어 상용 발전이 건설된 것은 조력발전과 소규모 파력발전에 그치고 있다. 따라서 유사한 발전 방식을 복합적으로 같은 곳에 건설하여 활용하는 방식을 채택하기도 한다. 예를 들어 영국에서는 연안고정식 파력발전과 풍력발전 장치를 조합하여 약 3.5MW급 장치를 구상하였으며, 일본에서는 초대형 해양구조물 상부에 태양광 및 풍력발전을, 수면에서는 파력발전을, 수면 밑에서는 조류발전을 동시에 할 수 있는 복합발전 방식의 시설을 건설하고 있다. 이렇게 되면 비록 각각의 발전 방식만으로는 만족될수 없었던 경제성을 시설 공유를 통해 상당히 개선할 수 있다. 따라서 앞으로는 이런 복합발전 방식이 많이 활용될 것으로 기대된다.

폐기물에너지
Waste Energy

폐기물에너지는 일상생활이나 산업 활동에서 필연적으로 발생되는 많은 양의 쓰레기 중에서 태울 수 있는 폐기물을 연소시키거나 열분해하여 다시 쓸 수 있도록 고체연료, 액체연료, 가스연료, 폐열 등 재생에너지로 바꾸어 활용하는 것이다.

폐기물은 종류도 다양하고 일상생활과 산업 활동에서 배출되는 양이 많지만, 실제 연소 가능한 폐기물을 골라내는 일이 매우 어려워 그 활용에 많은 제약이 있었다. 특히 생활폐기물은 그 종류가 매우 다양하여 비록 분리수거를 통해 일부 구분된다 하더라도 폐기물별로 적합한 이용 기술을 개발하여 적용하는 데 큰 어려움이 있었다.

그러나 어차피 버려지는 쓰레기를 활용해 에너지를 얻을 수 있고, 동시에 환경오염도 크게 줄일 수 있으므로 폐기물에너지 개발은 반드시 필요하다. 2013년 기준으로 국내 신재생에너지 공급량의 약 반 이상이 폐기물을 재활용한 것이며 앞으로도 당분간 폐기물에너지는 에너지원으로써 높은 비중을 차지할 것으로 보인다.

활용 가능 폐기물

가연성 생활폐기물 중에서 에너지로 활용할 수 있는 것은 종이, 나무, 비닐, 플라스틱, 폐타이어, 건설 폐목재 등 매우 다양하다. 이런 폐기물들은 목적에 맞게 분쇄, 분리, 건조한 후에 연소나 가공 등 변환과정을 거쳐 고체연료로 만들어 사용할 수 있다. 가연성 성분이 많이 포함된 폐기물은 발열량이 커서 더욱 유리하다.

이 밖에도 자동차 폐윤활유 등의 폐유는 별도의 공정으로 정제하여 재생유를 생산하여 활용할 수 있다. 또 플라스틱이나 합성수지, 고무, 타이어와 같은 고분자 폐기물들은 별도로 열분해하여 새로운 재생연료로 활용할 수 있다. 굳이 연료 형태로 만들지 않더라도 가연성 폐기물들은 CO, H_2 및 CH_4 등 혼합가스 형태의 직접 화학원료로 이용하거나 증기 생산, 복합발전 등에 활용될 수 있다.

폐기물에너지 변환기술

폐기물에너지로 변환하는 기술은 폐기물을 수거한 상태 그대로 소각로에서 소각한 후 발생하는 폐열을 활용하는 소각열 이용 기술, 폐기물을 가공하여 기존 화석연료와 비슷한 형태의 연료를 생산하는 이용 기술로 구분될 수 있다.

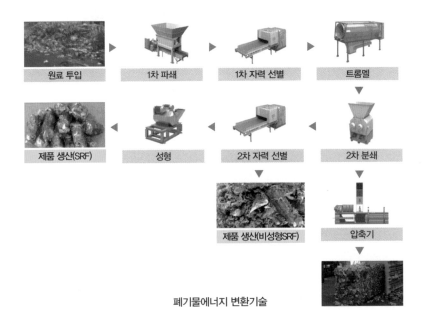

원료 투입 ▶ 1차 파쇄 ▶ 1차 자력 선별 ▶ 트롬멜

제품 생산(SRF) ◀ 성형 ◀ 2차 자력 선별 ◀ 2차 분쇄

제품 생산(비성형SRF)

압축기

폐기물에너지 변환기술

소각열을 직접 이용하는 가장 대표적인 사례는 대도시에 많이 설치되어 있는 대형 생활폐기물 소각로에서 발생되는 폐열을 에너지로 활용하는 것을 들 수 있다. 그러나 소각열 이용을 위해서는 반드시 주변에 이 폐열을 사용할 수 있는 시설이나 설비가 있어야 하며, 이용 효율을 높이려면 대규

모의 소각로를 갖추어야 한다. 다만 소각 과정에서 발생할 수 있는 가스의 대기 방출이나 액체 폐기물에 대한 철저한 관리가 수반되어야 한다.

생활폐기물로부터 생산된 고형연료(SRF, Solid Refuse Fuel)

- 생활폐기물로부터 만들어진 RDF(Refuse Derived Fuel)

- 폐합성수지로 만든 RPF(Refuse Plastic Fuel)

- 폐타이어 파쇄물로 만든 TDF(Tire Derived Fuel)

- 폐목재 및 간벌목재 등으로 만든 WCF(Wood Chip Fuel)

다만 WCF는 특성이 바이오에너지 생산품과 더 가깝기 때문에 요즘에는 Bio-SRF로 분류되기도 한다.

RDF의 장점은 높은 칼로리의 연료를 만들 수 있다는 점, 수분 함유량이 적다는 점, 재(灰.ash)가 적게 나온다는 점, 대기오염 물질을 적게 배출한다는 점 등이 있다. 또한 비교적 연료 조성이 균일하고, 목적에 맞게 크기를 조절할 수 있으며, 수송 및 저장성이 우수하여 취급이 자동화될 수 있다는 장점들도 있다.

RPF(Refuse Paper & Plastic Fuel)는 직접 재활용이 어려운 폐플라스틱, 나무 쓰레기, 종이 등을 활용하여 만들어지는 고형연료를 말한다. 그대로 버리면 자연에서 분해되는 시간이 너무 길어 환경을 오염시키는 이런 물질들을 재활용하여 순환형 에너지로 바꾸면 긍정적인 에너지원이 될 수 있다는 점에서 개발된 기술이다. 석탄과 같은 화석연료를 대체할 수 있을 뿐만 아니라 버려져야 하는 폐기물을 고체연료로 재활용할 수 있기 때문에, 산업 쓰레기를 획기적으로 줄일 수 있어 여러 산업에서 시도되고 있다.

고형연료로 만들어진 RPF는 열에너지가 필요한 곳에서 주로 활용되고 있으며, 연료의 칼로리가 안정적이고 고형이기 때문에 운반, 저장, 사용이 편리하며 기계와 사람의 손에 의해 철저한 선별이 가능한 장점이 있다. 높은 열량을 가진 폐플라스틱을 원료로 생산되는 RPF는 소형, 고밀도, 높은 열량의 특징을 가지고 있다. 석탄 정도의 충분한 열량을 제공할 수 있으며 제조 가격도 비교적 저렴하여 석탄의 약 1/3 수준에서 제조할 수 있으므로 대체에너지로 활용도가 높은 편이다.

액체 상태의 연료를 생산하는 유화기술은 탄화수소로 이루어진 고분자화합물의 폐기물에 열을 가하여 분해시켜 필요한 에너지를 얻는 기술을 말한다. 다른 폐기물에너지 변환기술과는 달리 폐플라스틱, 폐타이어 및 폐비닐 등 석유화학제품 폐기물에 국한되어 이용할 수 있지만, 액체연료는 저장하기 쉽고 연소시 효율이 매우 높은 장점 때문에 많은 국가들이 기술개발을 추진하고 있다. 특히 열분해 과정에서 다이옥신과 같은 유해물질이 발생하지 않아 폐수나 폐기물 등 2차 영향을 최소화할 수 있는 장점이 있다.

폐기물 가스화 기술은 기존의 소각 처리와는 달리 고온의 환원 조건에서 공급된 폐기물을 기화, 화학 반응시켜 주로 수소와 일산화탄소가 주성분인 합성가스를 생산하여 활용하는 기술을 말한다. 폐기물 가스화 기술은 다른 폐기물에너지 변환기술과 비교할 때, 비교적 고효율이고 동시에 부가가치가 높은 합성가스를 만들어 이용할 수 있다는 측면에서 관심을 끌고 있다.

·폐기물에너지 정책 변화

과거 폐기물 정책은 그 양을 줄이고(Reduce) 재사용(Reuse), 재순환(Recycle)하는 3R 정책으로 하였다. 그러나 최근에는 각국에서 재발굴(Recovery)을 넣어 4R 정책목표로 변경하고 있다. 환경 이슈도 과거에는 환경(Environment)과 경제(Economy)를 목표로 삼았지만, 최근에는 에너지(Energy)와 고용(Employ) 문제까지 포함하여 4E로 변하고 있다.

7 지열에너지
Geothermal Energy

　　　　　우리가 살고 있는 지구의 표면은 여름
에는 뜨거워지고 겨울에는 차가워진다. 그러나 지하로 몇 미터만 들어가도
흙과 암석이 지닌 보온력으로 인해 일 년 내내 약 15℃를 유지하는 것으로
알려져 있다. 지구는 중심부로 갈수록 온도가 높아져 지구 중심부의 온도
는 약 4,000℃에 이르며, 지구 내부 마그마 열에 의해 지표에서 땅 속으로
100m씩 내려갈 때마다 평균적으로 3~4℃ 정도씩 온도가 높아진다.

　만일 땅 속 깊이 배관을 연결하여 물을 뽑아 사용할 수 있다면 계절에 상관
없이 항상 일정 온도의 온수를 공급받을 수 있다. 이러한 지열은 열전달이나
가스, 온수, 화산 분출 등을 통해 지표면까지 전달된다. 아직 일부 지역에서
는 화산 폭발로 용암이 흘러내리고 현

무암에서 증기가 빠져나간 흔적이 남
아 있다. 지열에너지란 쉽게 말해 지
구 내부에서 외부로 빠져나오는 열을
일컫는다.

뉴질랜드의 지열에너지 발전소

지열에너지는 엄밀하게는 재생이 불가능하다. 그러나 지구 자체가 내부에 가지고 있는 뜨거운 열을 다양한 형태로 활용할 수 있기 때문에 그 잠재력은 매우 크다고 할 수 있다.

마그마는 비교적 넓은 지역에 분포하지만 지역에 따라 그 온도 차이가 크기 때문에, 지하의 암반 분포 또는 화산활동 정도에 따라 중 · 저온(10~90℃)의 지열에너지와 고온(120℃ 이상)의 지열에너지를 내는 지역으로 구분된다. 따라서 열원의 온도를 고려하여 지역 특성에 따라 적절하게 이용하는 방법을 찾는다면 효율적으로 활용할 수 있다.

· 지열에너지 활용 방법

지열에너지 활용 방법은 지열을 직접 이용하는 방법과 다른 에너지로 변환하여 이용하는 방법이 있다. 빗물이 단층 등을 통해 지하로 스며들면 마그마 층에 의해 뜨거워져 고온의 물이 되는데, 우물을 판다거나 지표면에 인공적인 구조물을 만들면 갑자기 물의 압력이 낮아져서 고온의 수증기로 변해 뿜어져 나오게 된다. 이 증기로 터빈을 돌려 발전하는 것이 가능하다.

고온의 지하수를 바로 활용하는 직접 이용 방법은 온천수, 수영장, 지역난방, 양어장, 금의 침출, 석유 추출 등이 있다. 지하의 열을 간접적으로 이용하는 방법으로는 뜨거운 지열을 이용해 물을 덥혀 수증기를 만들고, 그 수증기를 이용해 터빈을 돌려 전기를 생산하는 것이 있으며, 화산지대에서 150℃ 이상 고온을 이용하는 경우가 많다.

지열을 직접 이용하는 방법은 오래된 기술로서 땅 속에 있는 중온수 (30~150℃)를 추출하여 사용자에게 직접 공급하거나, 히트펌프나 냉동기의 열원으로 활용하는 방법이다.

· 초기의 지열발전

최초의 지열발전은 1904년 이탈리아 토스카나 지방의 라르데렐로(Larderello)에 세워진 발전소로 알려져 있다. 당시 이 지역에서는 140~260℃ 증기를 이용해 터빈을 돌려 발전을 했다. 1913년 최초로 상업적인 지열발전이 시작된, 이 지역의 현재 지열발전 규모는 543MW에 달한다. 이후 많은 지열발전소가 건설되었는데, 최대 규모인 미국 샌프란시스코에 있는 게이저스 발전소는 설비용량이 725MW에 이를 정도로 대형화되었다. 최근에는 지하 내부의 지열에너지 자원이 풍부한 미국, 스웨덴, 중국, 아이슬란드, 터키 등 주로 지진과 화산활동이 활발한 나라들을 중심으로 지열발전 규모를 점차 확대하고 있다.

지열을 간접적으로 활용하여 열 또는 전기를 생산하는 것으로는 지열발전과 EGS(Enhanced Geothermal Systems)발전이 있다. 지열발전은 땅속에서 추출한 고온수나 증기의 열에너지로 터빈을 돌려 발전하는 방식을 말하며, 건증기, 습증기 또는 바이너리 발전 등으로 구분된다.

건증기 지열발전은 가장 오래된 지열 활용 방식으로, 고온의 증기가 풍부한 지역에서 널리 활용되어 왔다. 완전 포화상태 또는 과열 상태의 건증기를 하나 또는 여러 개의 보어홀에서 추출한 후 지상 배관을 통하여 직접 플랜트의 터빈으로 보내 발전하는 방식이다.

그러나 건증기는 추출 과정에서 일정한 고온 상태를 유지하기 어렵기 때문에, 현재 가장 널리 보급되어 있는 것은 습증기 지열발전 형태이다. 비록 증기가 포화상태를 유지하지 않더라도, 증기를 추가적으로 일부 가열하면 충분한 에너지를 얻을 수 있어 오히려 발전효율이 높다.

습증기라는 용어가 말하듯이, 물과 증기의 2상 혼합물(two-phase mixture)이다. 이 혼합물의 건도(steam quality)는 내부 유체의 상태와 보어홀 크기, 보어홀 상부(well head)의 압력 등에 의해 결정되는데, 일반적으로 보어홀 상부 출구에서 습증기의 건도는 10~50% 정도이다. 실제 발전소에서는 습증기 분리기(Water-steam Separator)를 사용하여 건증기의 비율을 높이거나 3단까지 다단의 터빈을 설치하는 등 열효율을 높이고 있다.

바이너리 사이클(Binary Cycle)은 지하에서 추출한 저온의 물 또는 증기를 비등점이 낮은 2차 유체에게 전달하고 증발시켜 증기로 만들어 터빈을 돌리는 방식을 말한다. 2차 유체로는 냉매 계열의 유체·프로판·펜탄·암모니아 등이 널리 사용되고 있다.

EGS 발전은 지구 속 심층부의 암석에 인공 파쇄대를 설치한 후, 이 파쇄대를 통하여 물을 주입하여 열을 추출하는 방식이다. 지하 깊은 곳의 뜨거운 암반층(Hot Dry R'Ck: HDR)까지 보어홀을 시추하고, 이 홀에 물을 주입하여 고온의 수증기를 만든 후 이를 터빈으로 보내 발전하는 방식이다.

보통 화산지대에서 표면에 나오는 온천수를 활용하거나 깊이 500m~2km 내외에서 뜨거운 물을 뽑아 터빈을 돌리는 발전방식과 달리 5km 내외의 깊은 심도에서 인공적으로 물을 주입하고 뽑아내는 작업이 이루어지기 때문에 일단 시추공을 뚫는 데도 대규모 자본과 기술력이 필요하다.

따라서 EGS 방식을 도입한 국가는 많지 않은 실정이다. 특히 아시아 국가들 중에서는 포항지열발전소가 사실상 최초라고 볼 수 있다. 또한 EGS 특성상, 지반침하와 미소지진이 발생하기 때문에 이를 해결해야 하는 문제도 남아있다. 2017년에 발생한 포항 지진의 원인 중 하나로 포항지열발전소가 지적되기도 한다.

지열발전은 뜨거운 용융 마그마가 지표면 가까이에 있는 미국 서부 지역이나 화산 활동이 아직도 활발한 하와이 부근에서 특히 가능성이 크다. 지열발전으로 가능한 전기 생산량은 최대 150GW 수준으로 추정되고 있으나 아직까지 이 중 극히 일부만 발전에 활용하고 있다. 미국 서부 캘리포니아 지역의 경우, 전체 전력의 약 6% 정도를 지열발전에서 얻고 있다.

그린홈 제도

기후변화협약을 준수하기 위해 이산화탄소 배출을 줄이는 노력이 진행되고 있으며, 특히 그린 건축[5] 또는 제로에너지 건물[6]들이 주목받으면서 지열 히트시스템도 크게 관심을 받고 있다. 최근에는 대형 건설사들이 적극 참여하고 있으며, 민간 투자 사업에도 지열시스템을 반영하는 일을 쉽게 볼 수 있다.

실제로 공동주택이나 단지 내 주민 복지센터, 그린홈 모델 건물 등에 지열시스템을 적용하는 사례가 늘고 있다. 지열발전을 위한 플랜트 개발에 필요한 초기 투자가 크다는 점, 그리고 기술력 부족 등으로 인해 국내에서는 적극적인 지열발전 시장은 아직 형성되지 않고 있다. 다만 최근 EGS 방식의 소규모 지열발전소 건설이 추진되고 있을 정도이다.

지열 활용 측면에서 다른 대체에너지와 결합하여 효율을 높이는 방법을 택하기도 한다. 최근 우리 정부에서는 '그린홈' 사업을 적극 권장하고 있다. 그린홈 사업을 통해 이산화탄소 배출을 억제하고 기후변화협약을 준수하기 위해 주택에 태양광, 태양열 또는 지열 등 신재생에너지원 설치를 장려하고 있다. 설치 비용이 과다한 점을 고려하여 정부가 설치비의 일부를 보

---

5 그린 건축 또는 그린 건축물 : 에너지 절약을 위해 기존 에너지를 활용하기보다는 자연 에너지를 그대로 이용하려는 것이다. 냉난방 효율을 높이기 위해 단열재를 강화하고 채광 및 채열을 위한 설계로 태양빛을 충분히 활용한 건축물을 말한다. 때로는 passive 건축물이라고도 부른다.

6 제로에너지 건물 : 제로에너지 건물은 에너지 효율성을 극대화하고 건물 자체에 신재생에너지 설비를 갖춤으로써 외부로부터 추가적인 에너지 공급 없이 생활을 영위할 수 있는 공간을 말한다.

조하는 게 그린홈 제도이다.

즉 그린홈이란 태양광, 태양열 또는 지열을 주택의 에너지원으로 활용하고, 에너지 절약의 일환으로 고효율 조명 및 보일러, 친환경 단열재를 사용하는 주택이다. 그린홈은 화석연료의 사용을 최대한 억제하고, 온실가스 및 공기 오염물질 배출을 최소화하려고 만든 저에너지 친환경 주택인 셈이다.

신재생에너지 주택 중에서 특히 지열을 에너지원으로 사용하는 주택을 지열주택이라고 한다. 지하 15℃ 이상의 온도를 가진 물을 히트펌프를 통해 끌어올려 냉난방에 이용하는 주택을 말한다. 지열주택의 가장 큰 장점은 지하의 무궁한 온수를 활용할 수 있고 연중 항상 일정한 온도로 난방을 지속할 수 있어 경제적이라는 점이다. 지하 열교환기는 별도의 부식 방지 장치가 없어도 기기의 부식이 많지 않아 오랫동안 사용이 가능하다는 장점이 있다. 또한 지하수를 이용하므로 폭발이나 화재 위험이 거의 없어 안정적이며, 이산화탄소 같은 환경오염 물질을 배출하지 않아 청정에너지원으로 간주된다.

그러나 지하에 필요한 기기들을 설치하는 초기 비용이 만만치 않으며, 설치하는 지대가 약해져 무너질 가능성이 있다는 점이 우려된다. 또 기기들이 지하에 있으므로 고장이 나면 수리하기가 쉽지 않은 게 단점으로 지적되고 있다.

신에너지

1 수소에너지
Hydrogen Energy

지구상에 가장 많이 존재하는 원소는 수소이다. 수소는 자연에 존재하는 원소 중 가장 가볍고, 물, 유기물, 화석연료 등의 화합물 형태로 존재한다. 또한 우리 몸의 70% 이상을 차지하고 있는 물이 수소를 포함하고 있기 때문에 인류에게 꼭 필요한 원소 중 하나이다. 다행히 지구에는 엄청난 양의 물과 수소가 있다.

이렇게 풍부한 수소는 수소 1Kg을 산소와 결합시키면 35,000Kcal에 달하는 에너지를 얻을 수 있는 에너지원이기도 하다. 같은 질량의 다른 연료(프로판, 휘발유, 등유, 부탄가스 등)에 비해 약 3배의 에너지를 얻을 수 있는 에너지원이다. 이런 수소를 에너지로 활용할 수 있는 기술이 개발된다면 그 활용도

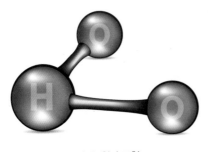

수소 원자 모형

는 매우 높을 것이다. 지구상에 존재하는 수소는 무궁무진하지만 막상 에너지로 사용하려면 별도의 추출과정을 거쳐 수소를 생산하여 활용하여야 한다.

· **에너지 시스템의 변화**

화석연료를 이용하여 산업혁명이 일어났고, 여러 가지 화학공정을 통하여 많은 제품들이 만들어졌기 때문에 기존 산업은 탄소를 기반으로 발전해 왔다고 할 수 있다. 그러나 이산화탄소 배출량이 점점 늘어나면서 지구 환경에 나쁜 영향을 끼치게 되었다.

이산화탄소 등 온실가스의 지나친 배출은 지구온난화, 기상 이변 등 심각한 결과를 초래했다. 따라서 세계 여러 나라에서는 앞으로 기존 탄소 기반 경제체제에서 수소 기반 경제체제로 전환되어야 한다는 의견이 많다. 이것은 단순한 에너지 시스템의 변화를 의미하는 것이 아니라 경제, 사회, 문화 전반에 걸친 패러다임의 변화를 동반하는 것이다. 선진국들은 20세기 말부터 수소 기반 경제체제를 구축하기 위해 수소에너지 기술개발을 적극적으로 추진하고 있다.

수소 기반 경제

미국은 부시 행정부 시절에 수소에너지 연구개발을 에너지 정책의 최우선 과제로 정하고, 2001년 수소 기반 경제를 위한 국가 에너지 정책을 수립하였다. 여기에는 수소연료전지의 개발과 수소 생산을 효율적으로 늘리기 위한 기술개발이 포함되어 있다. 당시 미국 정부는 2003년을 기점으로 5년간 12억 달러를 투자하는 「수소 연료 우선 추진 계획(Hydrogen Fuel Initiative)」을 추진했고, 연구개발 규모를 비약적으로 증가시켰다. 이후 「자동차 연료 자유화 계획(Freedom Car and Fuel Program)」을 통해 추가로 5억 달러를 증액한 바 있다.

일본은 1980년에 창립된 「신에너지 · 산업기술 종합개발기구(NEDO)」를 통하여 연료전지 기술과 수소 이용 기술을 꾸준히 개발하여, 2009년에는 「가정용 열병합발전시스템」을 시장에 도입하였고, 연료전지 자동차 개발에 대비하여 그에 필요한 수소 충전소를 곳곳에 설치하였다.

일본은 소재 및 자동차 산업의 장점을 기반으로 새로운 연료전지 시장을 주도하려고 하며, 수소의 생산, 저장, 수송을 포괄하는 전 분야에서 수소의 대량 공급 능력과 가격적인 측면에서 국제적인 경쟁력을 확보하기 위해 정부가 적극 지원하고 있다.

독일 또한 지속가능한 에너지 공급과 환경오염 저감을 위해, 수소를 수송용 에너지원으로 활용하기 위한 연구개발을 꾸준히 추진해 왔다. 특히 유명 자동차 회사인 벤츠사는 1983년부터 수소 자동차를 선도적으로 개발하고 있다. 독일은 수소의 대량 생산 기술 분야에서 크게 앞서 있으며, 수소를 활용하기 위한 수소 인프라 구축에도 노력하고 있다.

우리나라는 1970년대 말부터 수소에너지 분야의 연구를 시작하였다. 한국에너지기술연구원이 주도하여 수소의 생산 및 저장, 수소 안전기술 확보에 관한 기초 연구를 시도하였으나 연구 지원이 미흡하여 중단되었다. 1999년에 한국과학기술정책연구소에서 수소에너지 분야를 21세기 유망 기술 후보로 선정하여 본격적으로 연구개발을 시작하게 되었다.

2003년 10월부터 '21세기 프론티어 사업'의 일환으로 약 10년간 연 1백억 원 규모를 투자하기로 결정하였으며, 이를 위해 수소에너지 사업단을 출범시켰다. 프론티어 수소에너지 사업단은 2013년 3월까지 수소에너지의 제조·저장·이용 분야의 원천기술을 확보하였고, 핵심기술의 개발과 실증에 큰 기여를 하였다. 특히 보다 고효율의 수소 생산 시스템이 필요하다는 의견에 따라 별도의 '원자력 수소 사업'이 추진되었다. 원자력 수소 생산 계획은 800℃의 고온에서 수소를 분해하는 능력이 배가되는 점을 활용하기 위해 그 정도의 고온을 낼 수 있는 '초고온가스'를 개발하려는 것이며, 세계적으로도 이런 유형의 원자로를 개발하기 위한 경쟁이 벌어지고 있다.

· 수소에너지

역사적으로 보면 과거에도 수소를 에너지산업에 이용한 기록이 있다. 현재에도 매년 5천만 톤 이상의 수소가 생산되어 산업에 활용되고 있지만, 대부분 천연가스나 나프타 등 화석연료로부터 생산된다. 화석연료로부터 수소를 생산하는 방식은 기존에 화석연료가 가지고 있던 문제점을 그대로 가지고 있기 때문에 지구 환경에 큰 도움이 되지 않아 새로운 수소 생산 방법을 개발할 필요성이 있다.

한편 화석연료가 아닌 다른 화합물에서 순수한 수소를 확보하기 위한 방법은 다양하게 개발되어 왔다. 열역학사이클법, 광화학반응, 반도체와 태양에너지 이용법, 전기분해, 미생물을 이용하여 수소를 만드는 법 등 다양한 기술이 개발되었으며 개발되고 있다. 그러나 이 중에서도 가장 쉽게 수소를 만들 수 있는 방법은 물을 전기분해하는 것이다. 물은 두 개의 수소 원자와 하나의 산소 원자로 구성되어 있으며, 지구상에서 쉽게 구할 수 있고 그 양 또한 무궁무진하다. 만일 물속의 수소를 에너지로 활용할 수 있다면 인류는 에너지 걱정을 덜 수 있을 것이다.

하지만 물을 전기분해하여 수소를 만들 수 있음에도 아직 에너지로 활용되지 못하고 있는 것은 전기분해에 필요한 전기에너지의 양보다 생산된 수소의 경제성이 낮기 때문이다. 대체전원이나 촉매를 이용하는 여러 가지 수소 생산기술이 개발되고 있지만, 생산된 수소에너지보다 수소 생산에 필요한 에너지가 훨씬 큰 비효율성은 아직 극복하지 못한 상태이다.

수소 저장 기술개발

수소에너지를 만드는 데 가장 큰 걸림돌은 저장 문제이다. 수소는 고압 상태의 기체로 만들어 저장하거나 액체수소, 금속수소화물 등 다양한 형태로 저장 및 수송할 수 있다. 기체 상태로 저장하는 것은 단위 체적당 저장 밀도가 매우 낮아 경제성을 낮추는 원인 중 하나이며 안정성 측면에서도 많은 문제점을 지니고 있다. 요즈음은 액체나 고체 상태로 수소를 저장했다가 사용할 때 기체로 만들어 사용하는 기술이 개발되고 있다. 부피를 줄이기 위해서는 기체 상태의 수소를 액화시켜 저장하는 것이 좋지만 압력을 올리거나 온도를 낮춰 수소를 액화하려면 엄청난 비용이 든다. 최근에는 티타늄−철의 합금, 란타넘−니켈의 합금, 마그네슘–니켈의 합금 등 금속이나 탄소 등의 고체에 수소를 흡착시키는 다양한 기술이 개발되고 있다.

수소에너지의 산업적 이용

앞서 언급한 바와 같이 수소를 직접 산업에 이용하기에는 아직 경제성이나 안정성에 문제가 많아, 다른 형태로 수소를 활용하는 방법이 연구되고 있다.

수소와 산소의 화학반응에서 발생하는 화학에너지를 직접 전기에너지로 변환시키는 수소연료전지가 바로 그것이다.

$$2H_2 + O_2 = 2H_2O + 전기$$

위와 같은 반응을 활용한 전력 생산은 발전효율 30~40%, 열효율 40% 이상 수준의 고효율이 장점이다. 수소연료전지의 원리는 비교적 간단하다. 전지의 양(+)극에 공급된 수소는 수소이온과 전자로 분리된다.

수소연료전지

이 중 수소이온은 전해질층을 통하여 공기 극(음극. −)으로 이동하고, 전자는 외부 회로를 통하여 공기 극으로 이동한다. 공기 극 쪽에서 산소이온과 수소이온이 만나 물로 결합되면서 전기 및 열이 생성되는 것이다.

단위 전지의 용량은 비록 소규모이지만 단위 전지를 수십 장, 또는 수백 장 직렬로 쌓아 올리면 원하는 전기출력까지 용량을 증가시킬 수 있다. 연료전지에서는 직류전기(DC)가 만들어지는데, 이를 직접 사용하거나 교류전기(AC)로 변환시켜 사용할 수 있다.

수소연료전지는 아직 경제성이 낮아 발전용으로 쓰기에는 보다 혁신적인 기술개발이 필요하지만, 주로 단일 건물의 냉난방을 담당하는 규모의 건물용 연료전지는 일본을 시작으로 제품이 개발되어 판매되고 있다. 아직 경제성이 낮지만 단위 건물에서 이를 활용하면 운용 측면에서 장점이 있어 유럽, 북미 등 비교적 전력요금이 비싼 지역에서 많은 관심을 끌고 있다.

수소연료전지는 자동차 등 수송 부문에서 특히 각광을 받고 있다. 석유자원의 고갈이 예상되고, 중동 산유국들의 횡포로 석유 가격 또한 심하게 변동되면서 자동차업계는 수소연료전지 자동차 개발에 힘을 쏟고 있으며 이미 여러 형태의 자동차가 선을 보이고 있다. 우리나라에서도 하이브리드 자동차가 많이 운전되고 있으며 앞으로 더욱 확대될 전망이다.

수소연료전지는 그 크기도 소형화되어 이동 전원용으로도 개발되고 있다. 즉 노트북 컴퓨터나 휴대전화기의 전원으로도 활용될 수 있다. 충분히 소형화된다면 연료전지의 활용이 늘어날 것으로 기대된다. 따라서 수소연

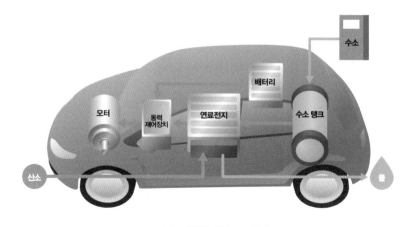

수소 자동차 내부 구조원리

료전지의 크기를 줄이는 기술, 효율을 높이는 기술, 오래 사용할 수 있는 기술 등의 개발이 활발히 추진되고 있다.

수소발전 의무화 제도

정부는 2022년 하반기부터 수소발전을 의무화할 것을 제도화하였다. 그동안 수소발전은 '신재생에너지 공급 의무화 제도(RPS)'를 통해 보급되었다. RPS는 발전 사업자가 일정 비율 이상을 수소뿐만 아니라 태양광, 풍력 등 재생 에너지로 생산해 공급하도록 하는 제도이다. 그러나 2022년부터는 청정수소 발전 의무화 제도(CHPS)로 별도로 분리하여 수소 발전을 의무화하였다. 정부는 왜 수소발전만 떼어 의무화하려고 할까? 가장 큰 이유는 발전 기술 간 경쟁을 촉진하고 발전 단가

인하를 유도하려는 것이다. 2021년 말 기준 수소의 발전 단가는 250원 수준으로, 120~130원 수준인 액화천연가스(LNG) 단가의 2배에 이른다. 수소에너지가 탄소 중립을 위한 필수 기술로 꼽히는 가운데, 사업자 간 경쟁을 유도해 발전 기술은 높이고, 단가는 낮추는 효과를 기대하고 있다. 2022년 기준으로 수소발전 개설 물량은 1,300GWh 정도이며, 앞으로 더욱 증가될 것이다. 한전은 구역전기 사업자 같은 구매자와 10~20년 중장기 계약을 맺어, 수소로 만든 전기를 의무적으로 매입해야 한다. 수소발전의 또 다른 장점은 현재 수소발전 사업자는 대부분 연료전지로 전기를 만드는 곳인데, 여기에 들어가는 수소는 석유화학, 철강 등의 공정에서 부수적으로 나오는 부생 수소를 사용한다. 부생수소란 청정 수소와 달리 이산화탄소를 배출하기 때문에 '그레이 수소'라고도 불리는데, 이 수소를 사용함으로 인해 결과적으로 이산화탄소를 감축시키는 발전 시장이 열리는 셈이다.

향후 기술개발 방향

화석연료는 머지않아 고갈될 것이다. 화석연료 고갈의 엄청난 영향은 그동안 몇 차례에 걸친 석유파동만 봐도 명확하게 알 수 있지만, 아직까지 화석연료를 대체할 수 있는 연료는 개발되지 못한 상태이다. 논의되고 있는 재생에너지는 청정하고 지속가능한 에너지임에는 틀림없으나, 기상 조건 등 외부환경에 따라 변화가 심하며 공급이 불안정하다. 또 상대적으로 발전단가가 높아 경제성 측면에서 경쟁력이 아직 부족하며, 특히 신재생에너지는 저장이 어렵다는 큰 단점도 있다.

IPCC(기후변화에 대한 정부간 패널)는 2012년 5월에 '적절한 정책이 뒷받침한다면 2050년까지 재생에너지가 세계 에너지 공급의 80%까지 차지할 수 있다'고 전망하며, 세계 각국이 재생에너지 비중을 획기적으로 늘릴 것을 권고한 바 있다. 여기에서 저장이 어려운 재생에너지를 저장하기 위한 해법으로 수소를 이용하는 방법을 제시했다. 수소는 단지 에너지원으로서의 활용뿐만 아니라 재생에너지를 변환시켜 쉽게 저장할 수 있는 에너지 운반체(energy carrier)로서의 역할로도 그 중요성이 커질 것으로 전망된다.

수소에너지 이용과 관련하여 각국은 세계 시장을 선점하기 위해 경쟁적으로 독자적 기술개발에 막대한 투자를 하고 있다. 그러나 대부분의 핵심 기술은 유사한 원리에 기반하고 있기 때문에 수소의 생산, 저장 등 주로 산업적 이용 측면의 기술을 중심으로 경쟁이 이루어지고 있다.

그런데 지나친 경쟁으로 인해 수소의 대규모 생산이나 효율을 높이기 위해 필수적인 기술간 공유가 어렵게 되는 등 여러 가지 문제가 발생하고 있다. 따라서 기술 주도국들은 국제기구를 통한 기술 표준화에서 주도권을 잡아 세계 시장을 선점하기 위해 노력하고 있다. 이러한 수소에너지 분야의 기술 표준화는 캐나다, 독일, 미국, 일본, 네덜란드 등 33개국이 참여하고 있다. 우리나라는 아직 기술 수준이 선진국에 비해 미흡한 편이며, 연계 기술개발도 뒤떨어져 있어 기술 표준화에 소극적인 상황이다.

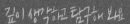

가 공상소설이나 영화를 보면 자동차가 하늘을 날아다니고 공중에서 저항을 받지 않아 빠른 속도로 운전이 가능한 것을 보면서 과연 이것이 현실화될 수 있을까 생각한 적이 있었다. 그러나 이미 지금 우리는 수소자동차를 개발하고 있으며, 머지않아 타고 다닐 수도 있을 것 같다. 연료가 가볍기 때문에 하늘을 날 가능성도 아주 먼 얘기는 아닐 것이다. 이런 가능성을 현실화하기 위해 어떤 기술이 필요할지 상상의 나래를 펼쳐 보자.

나 수소를 에너지로 만들기 위해 필요한 요소는 무엇인지 생각해 보자. 특히 수소라는 풍부한 자원을 에너지로 만들기 위해서는 용도에 따라 필요한 상태로 공급하는 기술이 필요하다. 즉, 수소를 생산하더라도 사용하기 전까지 안전하게 보관하는 방법을 연구해야 하며, 필요한 곳까지 수송하고, 필요한 양만큼 추출하여야 한다. 수소는 가치가 많은 원소이지만 다루기는 결코 쉽지 않다. 안전하게 활용할 수 있는 효율적인 방법을 생각해 보자.

다 수소 경제가 활성화되면서 다양한 산업에 요구되는 수소를 대량으로 생산할 수 있는 방법이 문제된다. 현재의 기술로는 필요한 만큼 제 때에 수소를 공급할 수 있을지 의문이다. 수소 생산 방법에는 어떤 것들이 있고 각각 장단점을 비교하여 개선할 여지가 있는지 검토하여 보자. 또한 수소 경제가 활성화되었을 경우, 수요와 공급 측면에서 만족시킬 수 있는지 생각해 보고, 수소를 대규모로 생산하는 새로운 방법이 있다면 무엇인지 생각해 보자.

2 연료전지

　　　　　　　연료전지란 연료의 산화에 의해 발생되는 화학에너지를 전기에너지로 변환시키는 전지를 말한다. 우리가 사용하는 화학전지는 닫힌 시스템(closed system)에서 화학적으로 전기에너지를 저장한 것인 반면, 연료전지는 내부 연료를 사용하여 전기를 생산하는 발전 장치이다.

　기본적으로 산화·환원반응을 이용한 점은 보통의 화학전지와 같지만, 반응을 일으키는 물질을 지속적으로 공급할 수 있다는 점과 반응이 일어난 후 생성물이 계속해서 전지 밖으로 제거된다는 점이 장점이다. 또한 일반 전지의 전극은 반응하면 충전/방전 상태에 따라 바뀌지만, 연료전지의 전극은 촉매작용을 하므로 상대적으로 전극이 안정되어 있다.

　연료와 산화제로는 다양한 물질들이 사용될 수 있다. 수소연료전지는 수소를 연료로 하며 산화제로는 산소를 사용한다. 그밖에도 탄화수소나 알코올 등을 연료로 사용할 수 있고, 산화제로 공기, 염소, 이산화연소 등 다양한 물질들이 사용될 수 있다.

· **연료전지의 역사**

연료전지는 1839년 영국의 과학자 그로브가 원리적인 개념을 발견하였다고 알려져 있으나, 1959년 영국의 베이컨에 의해 지금의 연료전지 형태가 처음 만들어지게 되었다. 베이컨은 수소연료와 산소산화제를 이용해 5kW 규모의 연료전지를 만들었으며, 이 연료전지가 미국의 우주선 제미니와 아폴로에 탑재되면서 각광받게 되었다. 당시 연료전지는 알칼리 수용액을 전해물질로 사용하였으며, 수소와 산소를 사용한 연료전지였다.

그러나 연료로 공급되는 수소를 대량으로 확보하기가 쉽지 않았고 저장하는 방법에도 문제가 많아 수소 이외의 다른 연료 물질을 찾기 위한 많은 노력이 있었다. 메탄과 천연가스 등 기체연료와 메탄올, 히드라진과 같은 액체연료가 발견되었고, 이렇게 다양한 연료를 활용한 연료전지가 개발될 수 있었다.

연료전지에 의한 발전

연료전지에 의한 발전은 기존의 발전방식과 비교할 때 발전효율이 높은 편이다. 반응생성물이 전기와 순수(純水)인 경우, 발전효율은 30~40%, 열효율도 40% 이상으로 합해서 70~80%의 높은 효율을 가진다. 또한 발전에 따른 공해물질 배출이 거의 없어 환경에 영향을 주지 않는다는 장점이 있다. 뿐만 아니라 연료를 다양하게 사용할 수 있어 에너지 부존자원이 부족한 우리나라 같은 경우에 적절한 발전방식이라 할 수 있다.

　기술개발의 속도도 매우 빨라 미래 에너지원으로 고려되고 있다. 제1세대 연료전지로 분류되는 인산전해질을 사용한 연료전지는 이미 민간 수요용으로 개발되어 활용되고 있으며, 최근에는 제2세대 연료전지로 용융탄산염을 사용한 연료전지가 개발되었고, 효율을 더 높인 고체 전해질 연료전지도 개발되는 등 제3세대 연료전지 시대가 다가오고 있다.

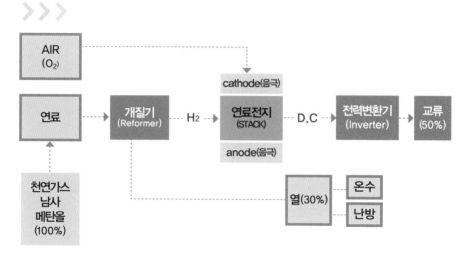

연료전지 구성도(출처 : http://www.knrec.or.kr/knrec/11/KNREC110500.asp)

　최초로 제미니 우주선에 연료전지를 장착한 미국은 주로 우주 및 군용으로 알칼리 연료전지 연구를 계속하여 왔다. 1969년 28개의 가스회사가 중심이 되어, 주거용 및 상업용 인산염형 연료전지를 개발한 바 있으며, 최근에는 상업 발전용 MW급 연료전지 개발을 추진하고 있다.

국내에서도 1980년대 중반부터 한국에너지기술연구소와 한전기술연구원이 공동으로 5kW급 인산염형 연료전지를 개발하여 성능 실험을 추진한 바 있으며, 이후 연료전지 개발의 중요성을 인식하고 많은 연구비를 투입하여 다양한 연료전지를 개발하였다.

그러나 기초 연구 단계에 머물고 있는 우리나라는 대부분의 기술이 이미 외국에서 개발된 것을 이용하고 있어 국제경쟁력이 있는 독자적인 모델을 만들기는 어려워 보인다. 세계 시장에 뛰어들기 위해서는 더 많은 연구와 기술개발, 보다 적극적인 정부의 지원이 필요해 보인다.

연료전지의 원리

물을 전기분해하면 수소와 산소가 발생한다. 수소연료전지는 이와 반대로 수소와 산소를 결합시켜 물을 만들고 전기를 생산하는 방식이다. 발전 원리를 알아보기 위해 가장 일반적으로 수소를 연료로 사용하고 있는 수소연료전지의 단위전지(cell) 구성을 살펴보면, 연료인 수소가 연료 극(양극) 쪽으로 공급되면, 수소는 연료극의 촉매층에서 수소이온(H^+)과 전자(e^-)로 산화되고, 공기 극(음극)에서 공급된 산소, 전해물질을 통해 이동한 수소이온, 외부 도선을 통해 이동한 전자가 결합하여 물을 생성시킨다. 이것을 산소환원반응이라고 부르며, 이 과정에서 전자의 외부 흐름이 전류를 형성하여 전기가 발생된다. 최종적인 반응은 수

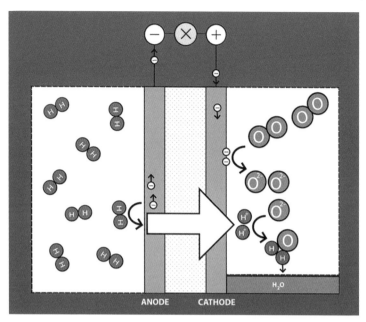

ANODE   CATHODE

H_2O

수소연료전지 발전원리

소와 산소가 결합하여 전기와 물, 그리고 열을 생성한다. 한 개의 셀(cell)에서 발생하는 전기의 양은 극히 미미하여 바로 활용하기 어렵기 때문에 일반적으로 이런 셀들을 여러 겹으로 포개 놓은 스택(stack)을 여러 개 연결하여 실제 활용할 수 있는 용량의 전기를 생산한다.

앞에서 연료전지의 연료로 다양한 물질을 사용할 수 있다고 했는데, 기본적으로는 수소가 가장 일반적으로 사용된다. 하지만 기체 상태의 수소는 반응에 직접 이용하거나 저장하기가 결코 쉽지 않다. 따라서 필요한 수소를 바로 만들어 사용하는 것이 경우에 따라서는 더 효과적이다. 즉, 별도의 수소 생산 장치를 만들어 용도에 맞게 필요한 양만큼만 수소를 생산하여 사용하는 것이다. 천연가스, 메탄올, 석탄가스 등과 같은 화석연료와 수증기가 만나 수소, 일산화탄소, 이산화탄소가 발생할 수 있는데, 이 중에서 수소만을 골라내어 연료전지의 연료 극에 공급하는 형태가 가장 일반적이다. 따라서 간편하고 경제적으로 수소를 만드는 방법이 다양하게 개발되고 있다.

연료전지의 특징

연료전지는 발전효율이 상당히 높은 편이다. 종래의 발전방식은 연료의 에너지로부터 전기를 얻는 과정에서 여러 단계를 거친다. 연료를 태워서 필요한 열을 얻고, 열기관을 통해 운동에너지로 변환하고, 이러한 기계에너지를 전기로 변환하면서 많은 에너지 손실이 발생한다.

연료전지의 경우는 이런 과정이 단순하고 열손실이 적다는 장점이 있다. 장치를 운전하는 과정의 열손실을 감안하더라도 효율은 30~60%로 높고, 열병합발전까지 고려한다면 전체 연료전지 시스템의 효율은 80%에 이른다. 또한 디젤엔진, 가솔린엔진, 가스 터빈 등 일반적인 발전기의 경우 출력이 클수록 발전효율이 좋아지는 특성이 있지만, 연료전지의 경우에는 출력의 크기와 무관하게 높은 효율을 얻을 수 있는 장점이 있다.

연료전지는 공해물질을 거의 배출하지 않는다. 기본적으로 수소와 산소를 화학적으로 반응시켜 전기를 생산하므로 화력발전처럼 연소 과정이 없으며, 생성물은 전기와 물과 열뿐이다. 지금처럼 석탄이나 천연가스로부터 수소를 얻는 경우는 변환 과정에서 일부 이산화탄소가 배출되기도 하지만, 앞으로 풍력이나 태양광 등을 사용하여 물을 전기분해하여 수소를 얻는다면 연료전지는 공해물질을 거의 배출하지 않는 무공해 에너지 시스템이 될 것이다.

연료전지는 모듈 형태로 제작이 가능하기 때문에 필요한 에너지만큼 모듈을 구성해 발전량을 조절할 수 있으며, 또한 태양광발전이나 풍력발전과 같이 설치 장소에 제약이 없어 어느 곳에나 설치하여 전기를 생산할 수 있다. 특히 규모에 관계없이 단위 셀의 에너지 전환효율이 일정하기 때문에 소규모 발전에 적합하며, 스택의 수를 늘리면 대규모 발전도 가능하다는 장점이 있다. 이렇게 연료전지는 수요에 따라 적절하게 구성할 수 있어 다양한 용도로 활용이 가능하다. 또 소음이나 유해가스 배출이 없어 도심 어디에서나 발전이 가능하다.

· **연료전지의 종류**

연료전지는 전해질의 종류에 따라

— **고분자 전해질 연료전지**(PEMFC)

— **인산염 연료전지**(PAFC)

— **용융탄산염 연료전지**(MCFC)

- 고체산화물 연료전지(SOFC)

- 알칼리 연료전지(AFC)

- 직접 메탄올 연료전지(DMFC) 등으로 구분된다.

이런 연료전지는 작동 온도에 따라 다시 고온형과 저온형으로 구분되는데, 고온형은 발전효율이 높고 고출력이지만 시동에 오랜 시간이 걸려 발전소나 대형 건물에 적합하고, 650℃ 이상의 고온에서 작동하는 용융탄산염 연료전지와 고체산화물 연료전지가 여기에 속한다. 반면 저온형인 인산염 연료전지, 고분자 전해질 연료전지, 직접 메탄올 연료전지는 200℃ 이하에서 상온에 이르기까지 저온에서 구동될 수 있으며, 비교적 시동이 간편하고 부하변동성이 뛰어나다는 특징이 있으나 고가의 백금 전극이 사용된다는 단점도 있다. 고온형에서는 백금이 아니더라도 일반 금속 촉매를 전극으로 사용할 수 있는 장점이 있다.

기술개발 현황

발전용 연료전지

분산전원용 연료전지는 상용화에 성공한 이후 생산설비를 확장하고 성능을 개선하고 있으며, 시스템 최적화 등을 통해 경제성을 높이고 시장을 확대하려는 노력을 하고 있다. 발전 규모도 수백kW급이던 것을 MW급으로 키우고 있다. 분산전원용 연료전지로는 용융탄산염 연료전지와 인산염 연료전지가 적합한 것으로 알려져 있다. 우리나라의 핵심기술 확보 수준은 선진국에 아직 미치지 못하고 있으나, 시스템 제작 분야의 경우에는 세계적인 수준이라 할 수 있다. 포스코에너지는 선진 기술을 도입하여 개발한 용융탄산염 연료전지 생산을 계속해서 확대하고 있으며, 또한 지속적인 연구개발을 통해 독자적인 모델도 개발하여 1.4MW와 2.8MW 등 분산전원용 제품을 생산하여 판매하고 있다.

2022년 수소발전 의무화 제도가 도입되면서, 수소발전에 필수적인 수소연료전지가 부각되고 있다. 국내에서 수소연료전지를 제조하는 업체 중, 수소발전에 관심을 보인 회사는 두산퓨얼셀, 블룸SK퓨얼셀이다. 두산퓨얼셀이 인산형 연료전지(PAFC) 방식이 주력이라면, 블룸SK퓨얼셀은 고체산화물 연료전지(SOFC) 시스템을 앞세우고 있다. 두산퓨얼셀의 주력인 PAFC는 가격이 저렴하며 전기와 동시에 열을 만들기 때문에 에너지 효율이 높지만, 열병합을 위한 부지가 필요해 입지가 제한적이다. 블룸SK퓨얼셀은 2020년 1월 SK에코플랜트가 미국의 블룸에너지와 설립한 합작 법인으로, 블룸SK퓨얼셀의 SOFC의 경우 PAFC보다 전기 생산 효율은 높은 반면. 가격이 비싸다는 단점이 있다.

정부의 정책적 지원으로 2040년까지 국내 연료전지 사업은 연평균 20% 이상 성장할 전망인 데다, 최근 유럽 텍소노미, 미국 인플레이션 감축법(IRA) 등이 본격화하면서 해외 사업 확대 가능성도 커진 상황이다. 수소발전

입찰 시장 개설과 함께 국내는 물론 세계 시장 경쟁력도 판가름할 수 있을 것으로 보인다.

· **분산전원**

일반적으로 발전소라고 하면 대형 발전소를 일컬으며, 충분한 전력을 생산해 필요한 사용처까지 송전선을 통하여 보내는 것을 말한다. 그러나 최근에는 소규모로 전기를 생산하여 송전선을 이용하지 않고, 분산하여 가까운 사용처에 공급하는 분산전원 시스템이 많이 개발되어 있다. 분산전원은 발전소 개념이라기보다는 적은 양의 전기를 가까운 소비처에서 사용할 수 있도록 하는 것을 의미한다

건물용 연료전지

건물용 연료전지는 고분자 전해질 연료전지 시스템을 중심으로 일본이 먼저 시장을 개척하여 성장하고 있다. 일본은 2011년 대지진 이후 원자력발전이 전면적으로 중단되면서 극심한 전력 부족을 경험하였으며, 이때를 기회 삼아 주로 가정이나 중소형 건물을 중심으로 연료전지 발전 시스템 보급이 확대되었다. 그러나 우리나라는 경우가

건물용 연료전지(두산 퓨얼셀 제공)

다르다. 초기 설치 비용이 크고, 소규모 분산전원을 가정에 설치하는 것에 대한 불안심리로 인해 보급 실적이 저조하여 제작을 중단하는 업체가 많아졌다. 지금은 가정용보다는 5~10kW 규모의 건물용 연료전지를 중심으로 시장을 확대하고자 방향을 선회하고 있다.

일본은 가정용으로 고체산화물 연료전지를 개발하여 보급하였다. 2011년 전력 위기를 겪은 일본은 가정용 고체산화물 연료전지를 건물용으로도 사용하기 위해 용량을 키우는 중이다. 건물용으로 개발하고 있던 고분자 전해질 연료전지 시스템에 비해 가정용은 고체산화물 연료전지의 효율이 약 7% 정도 더 높고 온수 온도도 높아 저장용량을 줄일 수 있다는 장점이 있다. 따라서 앞으로 고분자 전해질 연료전지 시스템보다 전망이 좋을 것으로 예측하고 있다. 다만 고체산화물 연료전지는 생산단가가 고분자 전해질 연료전지 시스템에 비해 약 30% 높고, 내구성에 대한 검증이 필요하여 이런 단점들을 극복할 수 있는가가 관건이다.

수송용 연료전지

앞으로 가장 주목해야 할 분야가 바로 수송용 연료전지의 개발이다. 한때 전기자동차가 미래 자동차 유형으로 각광받으면서 연료전지 차량의 개발이 주춤한 적도 있었지만, 아직 주행거리가 짧고 충전에 오랜 시간이 걸리는 단점으로 인해 다시금 연료전지 자동차가 주목받고 있다.

현재까지 차량에 장착하여 운행이 가능한 연료전지 유형은 대부분 고분자 전해질 연료전지이며, 수백여 대의 연료전지 차량이 실증을 위해 운행 중이다. 그러나 아직은 가격 및 내구성에 부족한 점들이 많이 드러나 이를 극복하기 위한 노력이 진행중이다. 특히 가격이 비싸 활용에 제약이 되고 있으며, 내구성을 향상시키기 위해 원천기술은 물론 응용기술에 이르기까지 자동차 회사 간의 기술개발 경쟁이 치열하다.

연료전지 차량이 운행되려면 우선적으로 충분한 수소 충전소가 세워져야 하며, 필요한 만큼 충분한 양의 수소가 공급되어야 한다. 자동차 회사는 1회 충전에 다음 충전소까지 운행하는 데 지장이 없도록 주행거리를 늘리는 문제를 해결해야 한다. 이런 문제들이 해결되어야 운전자들이 연료전지 차량을 구입할 것이기 때문이다.

국내 연료전지 차량 개발은 결코 다른 선진국에 비해 뒤떨어지지 않는다고 보인다. 일부 원천기술은 외국에 의존하고 있지만, 연료전지 자동차에 사용되는 대부분의 부품들을 국내에서 자체 생산할 수 있는 단계에 이르렀으며 성능도 결코 뒤지지 않는다.

그러나 정부의 지원, 즉 수소충전소나 인증 시스템 등 기본적인 인프라 구축은 아직 미흡하다고 생각한다. 수소의 공급도 원활하지 못하고, 안전 진단 및 검증 시스템도 구축되지 않았다. 연료전지 차량이 활성화되려면 정부 차원의 적극적인 지원이 필요하다.

가 자동차 시동을 걸 때 강한 전류를 흘려주어야 하기 때문에 전지(battery)가 반드시 필요하다. 이 전지는 시동을 걸거나 주행시 불을 밝히는 정도의 목적을 가지고 있으므로 비교적 그 용량이 적은 편이다.(12volt) 그러나 만일 장거리를 주행하는 목적으로 시스템에 공급해야 한다면 전지 용량이 커야 한다. 대용량이 필요한 연료전지의 원리와 용도에 따른 연료전지의 활용 가능성을 생각해 보자.

나 만일 연료전지가 가솔린을 대체하는 경우 장단점을 검토하고, 단점을 극복할 수 있는 방안을 강구해 보자. 또한 연료전지의 지속성과, 소모되었을 경우 대체 편리성을 고려하여 개선할 점을 찾아보자.

다 연료전지의 규모를 생각해 보자. 자동차는 연료전지의 무게와 차지하는 공간이 크면 그만큼 비효율적이다. 적절한 크기로 최대한의 효율을 내기 위해서는 여러 측면에서 검토해야 한다. 그리고 다른 산업에 필요한 연료전지는 그 용도에 따라 용량이 정해져야 한다. 예를 들어 대형 건물에 전기를 공급하려면 소규모의 연료전지를 사용하기는 어렵다. 연료전지를 대용량화하는 방법을 강구해 보자.

라 아직 대부분의 연료전지는 수소를 기반으로 만들어지고 있다. 수소는 인화성이 강하여 안전성이 가장 큰 문제로 대두된다. 수소의 운송 및 저장 과정에서 안전성을 최대로 높이기 위해 기술개발을 하고 있다. 필요한 기술을 생각해 보자.

3 석탄 및 중질잔사유 가스화·액화

석탄이나 중질잔사유[7] 가스화·액화는 신에너지 기술로 앞에 설명한 재생에너지와 구분된다. 신에너지는 기존에 활용하던 화석연료를 신기술을 적용해서 새로운 에너지원으로 변환한 에너지 유형을 말한다. '신에너지 및 재생에너지 개발·이용·보급 촉진법'에서 정의한 신에너지는 「기존의 화석연료를 변환시켜 이용하거나 수소·산소 등의 화학반응을 통하여 전기 또는 열을 이용하는 에너지」이다. 석탄이나 중질잔사유 가스화·액화 분야를 신에너지 범주에 포함시킨 것은 국내 석탄과 같이 저급한 에너지원을 활용하려는 의도로 보인다.

일부 유연탄을 제외하고는 국내에서 생산되는 석탄의 품질은 매우 낮은 편이다. 이런 낮은 품질의 연료를 산소나 스팀에 의해 가스화한 후 생산된 합성가스(일산화탄소와 수소가 주성분)를 정제하여 고급에너지로 전환시키면 국내에 아직 많이 매장되어 있는 자원을 보다 효과적으로 활용할 수 있을 것이다.

---

7   중질잔사유 : 원유를 정제하고 남은 최종 잔재물로서 감압 증류 과정에서 나오는 감압잔사유, 아스팔트와 열분해 공정에서 나오는 코크, 타르 및 피치 등

석탄, 중질잔사유 가스화·액화는 이런 복합기술을 말한다.

언젠가는 재생이 가능한 에너지가 화석연료를 대체해야 한다. 그러나 화석연료를 대체할 정도로 신재생에너지가 역할을 하려면 상당한 시간이 필요하다는 것이 중론이다. 우리나라의 경우 2035년까지 신재생에너지의 비율을 11% 이상으로 높이려 하고 있다. 이 말은 나머지 89%가 다른 에너지원에서 공급되어야 한다는 말이다.

지금은 원자력에너지가 국내 발전량의 30% 정도, 전체 1차 에너지 측면에서 14% 정도를 감당하고 있다. 하지만 일본의 후쿠시마 원자력발전소 사고 이후 안전성에 대한 의구심이 확산되고 반대 여론이 커져서 신규 원자력발전소를 국내에 건설하는 것은 쉽지 않을 것으로 생각된다. 즉, 1차 에너지 측면에서 나머지를 감당해야 된다. 기존의 화석연료와 대규모 수력에너지에 의존할 수밖에 없는 것이다.

세계 각국은 유사한 딜레마에 빠져 있다. 미국의 경우, 최근 셰일가스를 추출하는 신기술을 개발하여 지하에 매장되어 있는 막대한 가스자원을 확보하였지만, 지금 전체 전력의 50% 이상을 차지하고 있는 석탄화력 비중을 2030년까지 30% 이하로 낮추기는 힘들 것 같다는 전망이 지배적이다.

부존 에너지 자원이 없는 우리나라는 이러한 변화가 더 지연될 수밖에 없어서 신재생에너지가 전체 에너지원의 50% 이상이 되는 시기는 빨라야 2050년 이후가 될 것으로 전망하고 있다. 앞으로도 거의 40년 이상 석탄이 주 에너지원으로 활용될 수밖에 없으며, 어떻게든 석탄을 활용하지 않고서는 국가의 산업경쟁력을 유지하기 어렵다는 것이 결론이다. 따라서 석탄을 활용하는 신기술 개발이 매우 중요하고 필수적이라고 할 수 있다.

석탄가스화

석탄가스화의 대표적인 활용 방식으로는 석탄가스화 복합발전(IGCC: Integrated Gasification Combined Cycle)이 있다. 이것은 저급 석탄과 같은 연료를 고온고압 조건에서 불완전연소를 시키거나 가스화 반응을 통하여 합성가스를 만들어 정제 공정을 거친 후, 가스 터빈으로 1차 발전을 시키고 증기 터빈으로 2차 발전을 시키는 형태로 비교적 높은 효율을 얻을 수 있다. 또 공정에서 대기가스를 방출하지 않는 친환경적인 복합발전 방식이다.

이 발전 기술은 기존의 석탄 화력발전소와 비교한다면 발전효율이 40%에 가까울 정도로 높고, 대기오염의 주범인 아황산가스나 이산화탄소 배출을 반 이상 줄일 수 있다는 큰 장점이 있다. 자원이 부족한 우리나라의 경우에는 에너지의 안정적인 수급을 위해 품질이 낮지만 국내에 매장된 석탄 자원을 활용해야만 하며, 기후변화협약을 준수하고 이산화탄소 배출을 줄이기 위해서도 반드시 개발되어야 할 차세대 석탄발전 기술이다.

석탄가스화 기술의 특징은 석탄이 가지고 있는 에너지의 대부분을 화학에너지로 바꾸어 사용할 수 있다는 점이다. 석탄을 직접 연소시키면 그 과

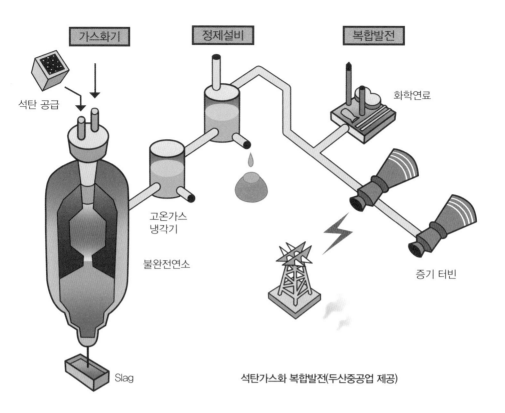

가스화기　　　정제설비　　　복합발전

석탄 공급

화학연료

고온가스
냉각기

불완전연소

증기 터빈

Slag

석탄가스화 복합발전(두산중공업 제공)

정에서 발생하는 다이옥신 등 공해 물질의 배출을 줄이기 위한 급속 세정 등의 과정을 거치면서 에너지의 손실이 커진다. 그러나 석탄을 가스화하여 반응을 시키면 주요 생성물이 일산화탄소와 수소이므로, 연료 내에 포함되어 있던 에너지가 화학에너지로 변환될 뿐, 대부분 그대로 유지될 수 있다. 이들 가스는 급속 냉각을 시키더라도 자체의 화학에너지에는 변화가 일어나지 않으며, 연소를 시키면 다시 대부분의 에너지를 가스 터빈이나 증기 터빈을 통해 회수할 수 있다는 장점이 있어 그 효율 또한 거의 65~80%에 이를 만큼 높다.

석탄가스화의 최종 활용 목표는 단순히 발전만은 아니다. 최근에 중국, 일본에서는 석탄가스화를 통해 비료를 생산하는 공정을 개발하였다. 석탄을 가스화, 정제 과정을 거쳐 암모니아 가스와 합성하여 비료의 원료로 사용하는 것이다. 또 유사한 공정으로 다른 화학원료를 생산하는 신기술도 개발하고 있다.

석탄가스화 복합발전은 이산화탄소 배출 대응 측면에서도 매우 유리하다. 또한 천연합성가스나 메탄올 등 다양한 고부가가치 제품을 생산할 수도 있다. 이 기술은 다양한 화학제품을 생산할 수 있는 파생 기술과 쉽게 연계할 수 있어 장점이 많지만, 아직까지 기술의 완성도와 가동률이 낮은 편이다. 또한 연계 생산 공정에 많은 시설비가 필요하다는 단점이 있어 앞으로 이를 개선할 수 있는 새로운 기술개발이 필요하다.

석탄액화

석탄액화는 고체연료인 석탄을 석탄가스화, 탈황, 이산화탄소 분리 등의 과정을 거쳐 합성가스로 만들고 추가 공정을 거쳐 휘발유나 디젤 같은 액체연료로 전환시키는 기술이다.

석탄은 휘발유나 디젤에 비해 원료 자체에 포함되어 있는 수소의 함량이 낮으므로 직접 액화 과정에서 다량의 수소를 첨가시켜 액체연료로 만든다.

이 공정은 비용이 많이 들기 때문에 대규모 생산이 가능한 석탄 직접 액화 공장을 건설하여 생산단가를 낮추고 있다. 이런 공정들은 이미 1930년대 독일에서 개발되어 상용화된 적이 있으며, 최근 고온고압 조건에서 석탄가스에 수소를 첨가하는 기술이 개선되어 석탄액화 기술의 경제성이 크게 향상되었다.

석탄가스화 복합발전의 핵심인 가스화 기술은 단독으로도 효율이 높지만 석탄액화 기술, 수소 생산 기술, 합성천연가스 생산 기술, 각종 화학원료 생산 및 석탄가스화 연료전지 기술 등과 연계해서 사용한다면 그 효율을 더욱 높일 수 있다. 최근에는 가스 터빈 기술이 비약적으로 발전하여 발전효율이 크게 개선되었다. 앞으로 연료전지 기술까지 접목된다면 석탄가스화 복합발전은 그 효율이 60%를 넘어설 것으로 전망하고 있다.

· **합성가스 전환**

합성가스 전환기술에는 전기 생산 및 액체연료, 화학원료, 다이메틸 에터[8], 수소 변환 기술 등이 포함되어 있다. 석탄가스화 반응을 통하여 생산된 합성가스는 수소 함량이 낮기 때문에 스팀 개질 반응이나 탈황정제 공정을 통해 수소의 비율을 높인 합성가스를 만들고 다시 이를 변환시켜 합성 디젤유를 생산한다. 합성가스를

---

8 다이메틸 에터(Dimethyl ether, DME)는 에터의 일종으로 가장 단순한 화합물이다. IUPAC명은 메톡시메테인 또는 메톡시메탄(Methoxymethane)으로 저온 상태에서 메탄올을 황산으로 탈수하면 얻을 수 있다. 조성식은 C_2H_6O, 시성식은 CH_3OCH_3으로, 분자량은 46이다. 수소 결합을 만들지 않기 때문에 끓는점이나 녹는점은 낮지만 독성은 그만큼 높지 않다.

디젤 또는 가솔린 등 액체연료로 전환시키는 반응은 1930년대에 독일의 과학자 피셔(Franz Fischer)와 트롭쉬(Hans Tropsch)에 의해 개발되어 피셔트롭쉬(FT) 공정이라고 부른다. FT공정은 오래전에 개발되었지만, 최근에야 이 반응에 필요한 촉매를 개발하고, 반응기와 최적 반응 조건 등을 찾는 데 성공하여 남아프리카공화국, 미국 등 몇 나라에서 상용화되었다.

기술개발 동향과 전망

화석연료의 사용은 지구온난화의 가장 큰 원인으로 지목되고 있으며, 국제적으로 기후변화협약 등을 통하여 관련 환경 규제를 강화하고 있다. 그러나 아직 석탄은 1차 에너지 중에서 가장 큰 비중을 차지하고 있으며, 발전 부문에서도 석탄 화력이 차지하는 비중이 커 무시할 수 없는 에너지원이다.

그러나 이산화탄소 배출을 억제하는 기후변화협약과 같은 국제적인 추세를 거스르기는 어렵기 때문에 따르지 않을 수 없다. 그러므로 새로운 기술개발로 정면 돌파하는 것이 필요하다. 미국과 유럽에서는 이미 신규 석탄발전소에 대해 기존 대비 50% 이상 이산화탄소 배출량을 줄이도록 의무화하고 있으며, 우리나라도 이산화탄소 발생량을 규제하는 데 동의하고 탄소세 도입 등 관련 정책을 세우고 있다.

석탄가스화 기술은 전력을 안정적이고 원활하게 공급하면서 환경오염

기존 석탄화력 발전

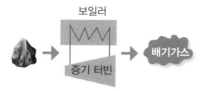

보일러 + 증기 터빈

석탄을 보일러에서 연소한 후 발생하는 강력한 증기 압력으로 증기 터빈을 구동하고 이와 연결된 발전기가 구동하여 전기를 생산

복합발전

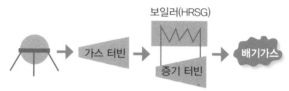

가스 터빈 + 보일러(HRSG) + 증기 터빈

천연가스는 압축 공기와 함께 연소하면서 강력한 연소 가스의 힘으로 가스 터빈을 구동하고, 다시 배출되는 고온의 연소 가스는 배열회수 보일러를 통해 증기를 생산하여 증기 터빈을 구동하는 방식

* HRSG : Heat Recovery Steam Generator

석탄화가스화 복합발전 (IGCC)

가스화기 + 가스 터빈 + 보일러(HRSG) + 증기 터빈

석탄을 가스화하여 합성가스(SYNGAS)를 생산하고 이를 연료로 복합발전하는 방식

* 가스화 반응 : $C + CO_2 \cdots 2CO_2 + H_2O \cdots CO + H_2$

물질 배출은 최소화할 수 있는 유일한 선택이라 할 수 있기에, 기술개발이 성공할 경우 산업에 미치는 파급효과도 매우 크다고 할 수 있다.

석탄가스화 복합발전(IGCC) 기술은 환경친화적 차세대 발전 기술로 이미 미국, 네덜란드와 일본 등 선진국에서는 실증 플랜트를 건설하여 상용화 초기 단계에 이르렀다. 석탄을 가스화하여 수소와 이산화탄소로 구성된 합성가스를 생산하고 여기에서 나오는 수소를 에너지원이나 화학 산업 원료로 사용하고, 나머지 이산화탄소는 지하에 장기간 저장하는 기술이 머지않아 상용화될 것으로 예상된다.

석탄가스화 복합발전의 기술적인 가능성은 충분히 입증되었지만 아직은 기술 신뢰도가 다소 부족하며, 건설비 측면에서도 불리한 점이 많다. 그러나 전 세계적 필요성으로 인해 기술개발이 활발히 추진되고 있어 조만간 보다 경제적이고 효율적인 개선책을 찾을 수 있을 것으로 기대된다.

발전 과정에서 배출되는 이산화탄소를 포집하는 기술도 상당한 수준에 이르렀는데, 만일 이산화탄소를 환경으로 배출하지 않고 발전소 내에서 포집하여 다른 용도로 산업에 활용할 수 있다면 석탄가스화 복합발전 기술은 더욱 유용할 것이다.

원자력에너지

1 원자력발전

・ 화력발전과 원자력발전

보일러에 물을 넣고 석탄이나 석유를 태워 끓이면 수증기가 만들어진다. 이렇게 만든 수증기로 터빈을 돌리고 전기를 만들어내는 것이 화력발전이다. 원자력발전의 기본적인 원리도 화력발전과 아주 유사하다. 원자로라는 보일러에 물을 넣어 수증기를 만들고, 그 수증기로 터빈을 돌려 전기를 만드는 과정은 비슷하다. 다만 화력발전은 석탄이나 석유 같은 화석연료를 사용하여 물을 끓이는 반면에 원자력발전은 내부 핵연료에서 연쇄적으로 일어나는 핵분열을 통해 발생하는 열로 물을 끓인다. 마치 원자로가 화력발전의 보일러와 같은 역할을 하는 셈이다.

석탄을 태워 물을 끓일 때에는 태우는 석탄의 양이 많을수록 더 많은 열과 수증기가 발생한다. 예를 들어 10톤의 석탄을 태우면 1톤의 석탄을 태우는 경우보다 열 배가량의 수증기가 생긴다. 모든 화석연료는 그 태우는 양에 비례해서 열이 발생한다.

그러나 원자력발전에서는 이렇게 태우는 물질이 없다. 우라늄이 핵분열하면 우라늄 속 원자들이 다른 작은 두 개의 원소로 쪼개지면서 열이 발생되지만, 핵분열 전후의 우라늄 금속 모양은 전혀 변하지 않는다. 핵분열 반응으로 우라늄 원자의 수가 줄어들고, 그 부분이 다른 원자로 변화하는 것이다.

한 번의 핵분열에서 생기는 열은 아주 적은 양이지만, 짧은 시간에 많은 핵분열을 일으킨다면 전체적으로는 엄청난 양의 열을 발생시킬 수 있다. 따라서 원자력발전에서는 핵분열이 얼마나 많이 일어나게 만들 수 있는가가 중요하다.

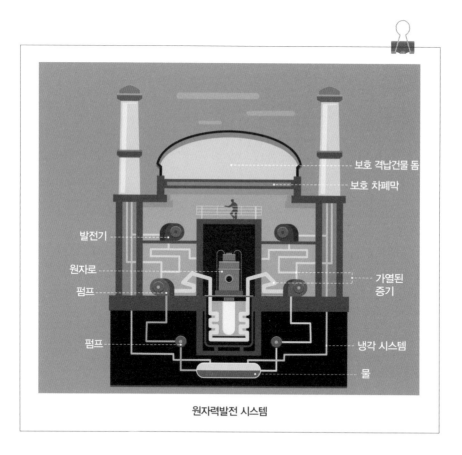

원자력발전 시스템

지구에 존재하는 모든 물체는 원자라는 작은 알갱이들이 모여 만들어져 있다. 동물이나 사람의 몸도 마찬가지다. 우리가 마시는 물도 숨 쉬는 공기도 몇 개의 원자들이 모여 만들어진 것이다. 옛날 그리스의 유명한 철학자인 데모크리토스는 더 이상 나눌 수 없는 것이라는 의미로 '원자'라는 말을 사용했으며 "모든 물질이 원자로 이루어졌다"고 말했다. 그는 또 "모든 물질이 똑같으면 그것을 만들고 있는 원자도 같다"라고 생각했다. 그러나 과학이 발전하면서 원자도 쪼갤 수 있게 되었고, 원자는 더 작은 원자핵과 전자로 만들어진 것을 알게 되었다.

대부분의 물체는 몇 개의 원자 또는 분자들이 모여 구성된다. 어떤 분자는 하나의 원자

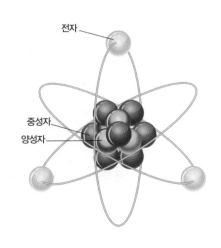

원자핵 모형

로 만들어진 것도 있지만, 대부분의 분자들은 다른 종류의 원자들이 모여 만들어졌다. 우리가 마시는 물은 두 개의 수소 원자와 하나의 산소가 결합하여 만들어진 것이고, 공기는 산소와 질소 분자들이 모여 만들어진 혼합물질이다. 그러나 금이나 은 같은 금속들은 하나의 원자로 하나의 분자를 만들기도 한다.

이렇게 모든 물질의 기본단위가 되는 원자를 '원소'라고 부른다. 그리고 물질에서 화학적 형태와 성질을 잃지 않고 분리될 수 있는 최소 입자를 분자라고 부른다.

우리가 살고 있는 지구에 존재하는 원소는 모두 92개이다. 처음에는 더 많은 원소들이 있을 것이라고 생각하여 과학자들이 많은 연구를 하였다. 그런데 신기하게도 복잡한 물체라도 쪼개 보면 결국 92개의 원소들이 서

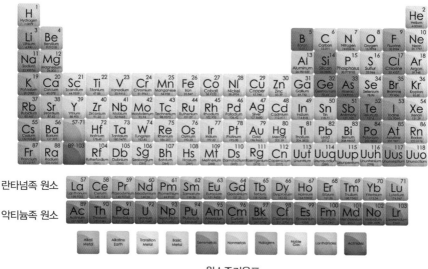

원소주기율표

로 모여 다른 물체를 만들고 있는 것을 발견하였다.

92개의 원소 중에서 가장 가벼운 원소는 수소이고 그 다음은 헬륨이며, 석탄의 주성분인 탄소는 6번째로 가벼운 원소이다. 그렇다면 가장 무거운 원소는 무엇일까? 바로 원자력에너지를 만드는 '우라늄'이다.

오랫동안 사람들은 쪼갤 수 없는 가장 작은 알갱이가 원자라고 생각해 왔다. 하지만 원자도 더 쪼갤 수 있다는 것이 밝혀졌다. 원자는 가운데 '원자핵'이라는 단단한 알맹이와 그 주위를 돌고 있는 전자로 구성되어 있다. 마치 지구가 태양을 중심으로 돌고 있듯이 원자핵 주변에 많은 전자들이 돌고 있는 것이다. 재미있는 사실은 외곽 전자의 수가 원소의 가벼운 순서와 일치한다는 것이다. 즉 가장 가벼운 수소는 1번, 그 다음 가벼운 헬륨은 2번으로 정했다. 그러다 보니 가장 무거운 원소인 우라늄은 92번째가 된 것이다.

과학자들은 가운데 있는 원자핵을 더 쪼갤 수 없을까 하고 연구를 계속하였고 결국 원자핵 속에는 두 가지 다른 성질을 가진 양성자와 중성자가 있다는 것을 발견하였다. 양성자란 (+)전기를 띠고 있는 알갱이이고, 중성자는 전기적 성질을 띠지 않는 알갱이라고 해서 붙여진 이름이다. 과학자들은 또한 양성자 수와 원자핵 주변을 돌고 있는 (−)전기를 띠고 있는 전자의 수가 같은 것을 발견하게 되었다. 두 개의 전기 성질이 서로 상쇄되어 원자가 전체적으로 전기를 띠지 않는다는 사실을 알게 된 것이다.

• 핵력

영국의 유명한 과학자 뉴턴은 사과나무에서 사과가 땅으로 떨어지는 것을 보고 지구가 물체를 끌어당기는 힘이 있는 것을 발견하였다. 이 힘을 중력이라고 한다. 세상에는 여러 가지 힘이 있다. 뉴턴이 발견한 중력 말고도 전기를 띤 알갱이들이 서로 밀어내거나 끌어당기는 힘을 전기력이라고 부르고, 자석의 두 극이 잡아당기거나 밀어내는 힘을 자기력이라고 부른다.

원자핵 속에는 양전기를 띠는 양성자와 전기를 띠지 않는 중성자가 들어 있는데, 어떻게 전기 성질이 다른 두 종류의 알갱이들이 결합될 수 있을까? 이런 특수한 힘을 우리는 '핵력'이라고 부른다. 핵력은 전기 성질이 같은 알갱이들끼리 서로 밀어내는 힘, 전자기력이 있음에도 양성자들을 하나의 원자핵으로 결합시킬 수 있을 만큼 매우 강한 힘이다.

그런데 이런 핵력은 아주 좁은 공간에서만 강하게 작용하는 특징이 있어, 만일 양성자와 중성자들이 조금만 거리를 두면 알갱이들이 따로 떨어져 버리게 된다. 지금까지 알려진 힘 중에서 가장 강한 것이 핵력이지만, 이렇게 아주 가까울 때에만 힘이 작용한다는 사실은 원자핵이 큰 힘을 내는 기본 원리를 연구하는 과정에서 밝혀졌다.

3 핵분열의 원리

　　　　　　　　고대부터 다른 금속을 이용해 금을 만들기 위해 많은 노력을 해왔는데 이런 기술을 연금술이라 한다. 금보다 가벼운 물질들을 서로 섞어 보기도 하고, 뜨겁게 열을 가하기도 하며 다른 물질로부터 금을 만들기 위해 오랫동안 노력했다. 비록 금을 만드는 데에는 실패했지만, 그 과정에서 새로운 원소를 발견하거나 전혀 성질이 다른 원소들의 합금을 발견하기도 했다. 지금까지 이렇게 여러 가지 방법을 통해 발견한 원소들이 바로 92개다.

　특히 사람들은 가장 무거운 우라늄 원소의 특성에 대해 연구하기 시작하였다. 분명 우라늄보다 더 무거운 원소가 있을 것이라 예상하고 새로운 원소에 대한 기대로 연구를 거듭하였다. 하지만 여러 번 같은 실험을 해도 우라늄보다 더 무거운 원소는 발견되지 않았고, 오히려 우라늄보다 훨씬 가벼운 두 개의 원소가 나타났다. 결국 과학자들은 이 현상을 우라늄 원자핵이 '핵분열'을 일으키는 것이라고 결론을 내렸다.

　핵분열을 연구하던 과학자들은 그 때까지 볼 수 없었던 이상한 현상을 발견하게 되었다. 핵분열이 일어나는 것과 동시에 예상했던 것보다 훨씬

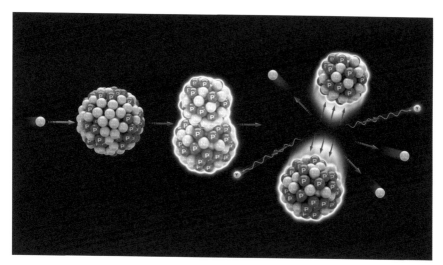

우라늄 원자핵의 핵분열

더 많은 열이 발생한 것이다.

이 열은 어떻게 생기는 것일까? 무엇이 이런 큰 열을 만들어 내는 것일까? 과학자들은 많은 궁금증이 생기기 시작했지만 그 이유를 알 수 없었다. 그러나 계속된 연구를 통해 새로운 사실들이 발견되었다.

질량과 에너지

물체의 질량은 합하거나 나누어도 변함이 없다는 원칙과는 달리 간혹 질량이 달라지는 경우가 발견되었다. 눈에 보이지 않을 정도로 적은 양이 달라졌는데 그 이유는 알지 못했다. 구슬이

깨질 때 조그만 파편을 잃어버리는 것처럼 일부가 없어지는 것이 아닐까 추측할 뿐이었다.

그러나 부스러기라도 눈에 보인다면 찾아서 깨어진 부분에 맞추어 원래 모양을 만들 수 있겠지만, 원자들은 워낙 작고 많으며 또 눈에 보이지 않기 때문에 없어진 것을 찾아 꿰맞출 수는 없었다. 특히 원자들을 합하면 그 모양이 구슬처럼 그대로 유지되기보다는 아주 다른 모양으로 변해 버리는 것이 더 많았다.

과학자들은 이렇게 없어져 버린 원자들의 파편이 다른 모양으로 어딘가에 있어야 한다는 것은 알고 있었지만, 어떻게 변해 버렸는지에 대해서는 발견할 수가 없었다.

그런데 아인슈타인이라는 천재 과학자가 없어진 원자들이 열에너지로 바뀐 것이라고 말한 것이다. 그 전까지는 원자가 다른 모양으로 바뀐다는 것은 꿈도 꾸지 못하고 있었는데, 원자가 모양이 바뀌는 것이 아니라 아예 없어지고 열에너지로 바뀐다고 하니 사람들은 믿기 어려웠다.

· $E=mc^2$

아인슈타인은 이미 100년 전에 보통 사람들이 상상하기 어려운 이야기를 했는데, 이것이 사실로 확인된 것은 오랜 시간이 지난 후 실험을 통해서다. 그렇다고 질량이 변하지 않는다는 원칙이 바뀐 것은 아니다. 다만 반응이 일어나면서 없어졌다고 생각했던 일부 질량이 열에너지로 변하고, 그 에너지를 다시 질량으로 바꾸어 본다면 결국 총 질량은 원래 질량과 같아지는 것을 밝힌 것이다.

없어진 질량과 에너지의 관계, 바로 $E=mc^2$이라는 관계식이 바로 그것이다. (여기서 E는 에너지를 말하고, m은 없어진 물질의 질량, 그리고 c는 빛의 속도를 말한다.) 즉 질량도 에너지의 일종으로 '얼어붙은 에너지'라고 생각할 수 있다는 것이다. 그렇다면 여기에서 우리는 두 가지 의문을 가질 수 있다. 첫째, 질량도 에너지의 일종이라면 그 얼어붙은 에너지를 녹여서 에너지를 어떻게 뽑아 쓸 수 있을 것인가 하는 의문. 둘째, 반대로 어떤 형태의 에너지로부터 질량, 즉 물질이 생성될 수 있는 것인가 하는 의문이다.

첫 번째 의문에 대한 해답은 이미 오래 전에 해결되어 세계는 지금 질량으로부터 뽑아 낸 에너지 즉, 핵에너지를 활용하여 원자력시대를 맞고 있다. 이런 획기적인 발견은 자연에서 일어나는 모든 반응들을 통해 증명되었고 과학을 오늘날처럼 발전시키게 된 계기가 되었다.

우라늄 원자핵은 핵분열 반응이 생기면 보다 작은 두세 개의 핵으로 분열된다. 만일 질량보존의 원칙이 지켜진다면, 원자핵에서 변화가 일어나기 전후의 질량이 같아야 한다. 그런데 분열된 후 생겨난 핵들의 질량을 모두 합해도 원래 우라늄 원자핵이 가지고 있던 질량보다 조금 모자란다는 사실이 발견됐다. 없어진 질량은 어디로 갔을까?

아인슈타인의 예언대로 이 과정에서 없어진 질량은 에너지로 변해 사라진 것이었다. 우라늄 원자핵에서 핵분열이 일어난다는 것도 놀라운 일인데, 핵분열과 함께 많은 열에너지가 발생한다는 사실은 많은 사람들을 깜

짝 놀라게 만들었다.

더욱이 우라늄 원자핵 분열로 실제 없어진 질량이 아주 작은데도, 굉장히 많은 에너지가 발생하는 것은 좀처럼 설명이 되지 않았다. 심지어 질량이 더 크게 변한다고 할 때 아인슈타인의 공식에 따라 생기는 열보다 엄청난 열에너지가 실제로 발생하고 있었다. 그 이유는 무엇일까?

연쇄반응

우라늄이 분열될 때에는 일부 질량이 에너지로 변하기도 하지만, 두세 개의 중성자도 같이 나온다. 우라늄을 분열시키기 위해서는 반드시 중성자로 우라늄 원자핵을 때려 주어야 하는데, 이런 반응은 굉장히 짧은 순간에 일어난다. 한 번의 핵분열이 일어나는 시간은 약 10억 분의 1초 수준이다. 새로운 중성자가 없으면 이런 반응은 한 번 일어나고 멈추겠지만 우라늄이 분열하는 과정에서 새로운 중성자가 생기면서 이야기가 달라진다. 새롭게 생긴 중성자가 다른 우라늄 원자핵을 또 분열시키는 것이다.

만일 하나의 핵분열에서 하나 이상의 중성자가 새로 만들어진다면 어떻게 될까? 예를 들어 한 번의 핵분열에서 두 개의 중성자가 생기는 것으로 가정하여 보자. 처음에 한 번 일어나던 핵분열은 두 개의 중성자가 생기면서 두 번의 핵분열이 가능하게 된다. 그 다음에는 각각의 핵분열에서 다시 두 개씩의 중성자가 생기면서 네 번의 핵분열이 일어나고, 그 다음에는 여덟 번, 열여섯 번 이렇게 기하급수적으로 핵분열 반응이 일어날 것이다.

1초라는 시간은 눈 한 번 깜빡할 정도로 짧은 시간이지만, 핵분열 입장에서 본다면 이 짧은 순간에 무려 100억 번 이상의 같은 반응이 되풀이되면서 우리가 셀 수 없을 정도로 많은 핵분열이 일어나게 된다.(이때 일어나는 핵분열 총 수는 $(2^{10})^{10}$, 즉 10^{70}번이 일어나게 된다. 10^{12}이 1조에 해당되니 짐작하기 어려울 만큼 큰 수인 것을 알 수 있다.) 한 번의 핵분열에서 생긴 열은 그렇게 많은 것은 아니지만, 순식간에 수많은 핵분열이 연속적으로 일어나면 엄청난 에너지를 발생시키는 것이다. 하나의 중성자가 핵분열을 일으키고, 핵분열에서 생긴 새로운 중성자가 다시 다른 우라늄과 반응하여 새로운 핵분열을 연속적으로 일으키는 것을 '연쇄반응'이라고 한다.

· 동위원소

자연에 존재하는 원소는 같은 이름을 가지고 있지만 약간씩 성질이 다른 몇 개의 형제 원소가 존재한다. 가장 가벼운 수소의 경우도 무게가 두 배나 세 배인 형제가 있는데, 이들의 성질도 수소와 크게 다르지 않다. 다만 수소 원자핵 속에 중성자라는 알갱이가 하나 또는 두 개가 더 들어 있는 것을 말한다. 물론 어떤 원소는 전혀 형제 원소가 없는 경우도 있지만, 많은 원소들은 형제 원소들을 가지고 있다. 이렇게 성질은 크게 다르지 않지만 서로 다른 무게를 가진 형제 원소들을 '동위원소'라고 부른다.

우라늄 원소도 두 개의 형제 원소가 있다. 143개의 중성자를 가진 우라늄-235와 146개의 중성자를 가진 우라늄-238이다. 그런데 이 두 형제 원소는 특이한 성질을 가지고 있다. 143개의 중성자를 가진 우라늄은 핵분열 반응을 잘 일으키는 반면에 146개의 중성자를 가진 우라늄은 웬만해서는 핵분열 반응을 일으키지 않는다. 오히려 핵분열을 일으키려고 중성자를 넣어 주더라도 중성자를 잡아 먹어 버리는 성질을 가지고 있다. 그러니까 핵분열을 일으키려면 143개의 중성자를 가진 우라늄만 가능하다고 보는 것이다.

그런데 참 다행인 것은 광산에서 우라늄을 캐어 보면 핵분열을 일으킬 수 있는 우라늄-235의 양은 1/140밖에 되지 않는다. 만일 핵분열을 일으키는 우라늄-235의 양이 더 많았다면, 그 광산에서 자연에 떠도는 중성자를 만나 자발적인 핵분열이 일어나게 되었을 것이고 폭발이 그치지 않았을 것이다. 다행히 우라늄 광산이 있는 곳에서는 이런 핵분열을 일으키는 우라늄이 적다. 따라서 광산 근처에서도 사람들이 살 수 있다.

· **순간적으로 일어나는 연쇄반응을 조절할 수 있을까?**

원자력발전을 하기 위해 광산에서 캐낸 우라늄은 정련하여 사용한다. 핵분열을 적당하게 일으키고, 또 연쇄반응 속도도 사람들이 조절할 수 있을 정도로 만든 것이다. 한 번의 핵분열이 일어난다면 핵분열이 일어나면서 분열된 핵종에서 동시에 두 개 또는 세 개의 중성자가 나온다. 두 개 이상이 나오기 때문에 이 중성자들이 남아 있는 우라늄 원소와 반응하여 연쇄반응은 두 배, 네 배로 늘어날 수가 있지만, 만일 핵분열 반응에서 새롭게 생기는 중성자 중에서 하나만 남겨 놓고 나머지 중성자를 없애 버린다면 어떻게 될까?

그러면 다음 단계의 핵분열에서도 두 개 정도의 중성자가 생기며, 다시 하나만 남기고 잉여의 중성자를 없애면 핵분열 반응은 계속해서 일어나지만, 두 배, 네 배로 급격하게 늘어나지는 않고 계속해서 하나의 핵분열만 일어나게 된다.

한 번의 핵분열을 지속적으로 유지하더라도 엄청난 에너지가 발생하지만, 이 정도의 에너지는 충분히 조절할 수 있으므로 원자력발전을 가능하게 할 수 있다.

앞에서 설명하였지만 한 번의 핵분열에서는 아주 적은 양의 에너지만 얻을 수 있다. 그러나 순간적으로 발생되는 중성자 수를 조절하여 연쇄반응을 순차적으로 한 번씩만 제한하여도 1초 동안에 약 100억 번의 핵분열이 일어날 수 있다. 비록 한 번에 나오는 에너지는 매우 적은 양이지만 지속적으로 연쇄반응을 일으킬 수만 있다면, 우리가 필요로 하는 정도의 열에너지는 얻을 수 있다.

물론 더 큰 에너지를 얻고자 한다면 연쇄반응의 속도를 조절함으로써 가능하겠지만, 무엇보다 중요한 것은 안전하게 발전을 계속하는 것이다. 만일 핵분열 과정에서 욕심을 부려 더 많은 에너지를 얻고자 한다면, 핵분열 반응이 워낙 빠르게 일어나기 때문에 때에 따라서는 사람들이 조절할 수 없게 될 수 있다. 그래서 만일의 경우를 대비하여 연쇄반응의 속도가 빨라지면 자동적으로 원자로를 정지시키는 제어장치를 넣어 두었다.

한꺼번에 많은 에너지를 얻는 것보다는 적당한 양의 에너지 생산을 오랫동안 안정적으로 유지하는 것이 훨씬 더 중요하다. 원자력발전을 평화적으로 인류 복지에 활용하기 시작한 때는 핵에너지 생산을 마음대로 조절할 수 있는가에 대한 확신을 가지게 되면서부터라고 볼 수 있다.

에너지 위기, 어떻게 해결할까?

4 원자력발전의 장단점

원자력발전의 가장 큰 장점은 역시 경제성이다. 소량의 연료에서 많은 에너지를 만들 수 있기 때문에, 어느 에너지원보다 싼 값에 전기를 생산할 수 있다. 화력발전 대비 초기 건설에 투자되는 비용은 훨씬 크지만, 운전할 때 소모되는 연료비 비중이 매우 낮아서 전체적으로는 원자력발전의 경제성이 큰 것으로 평가된다.

· 우라늄과 석탄의 열량 차이

원자로에서 발생되는 열량은 엄청나다. 예를 들어 우라늄 1킬로그램이 모두 핵분열을 일으킨다고 가정하면, 그 열량은 석탄 3000톤을 태우는 열량과 같다. 10톤 화물트럭 300대에 석탄을 가득 싣고, 그 석탄을 전부 태워야 우라늄 1킬로그램이 핵분열해서 만드는 열량과 같은 열량을 얻는다는 말이다. 석유로는 9000드럼을 태워야 이 정도 열량을 얻을 수 있다.

우라늄은 질량이 19.6g/cm³ 정도로 매우 무겁다. 그래서 1킬로그램 우라늄의 실제 양은 마시는 물 컵의 1/3 정도밖에 되지 않는다. 이런 적은 양만 가지고도 큰 트럭 300대에 가득 실은 석탄과 같은 에너지를 만들 수 있다니 놀랍지 않은가?

원자력발전의 가장 큰 장점은 적은 양의 원료로 큰 에너지를 얻을 수 있고 양이 적어 보관하고 운반하기가 편하다는 점이다. 또한 연료비가 얼마 들지 않아 전기를 싼 값으로 만들 수 있다. 우라늄이 모두 핵분열을 일으킨다면 같은 무게의 석탄이 탈 때보다 약 300만 배, 석유가 탈 때보다는 약 220만 배의 에너지가 나온다. 1차 에너지 원료 중 가장 효율적인 에너지원이라고 할 수 있다. 그래서 원자력을 '제3의 불'이라고 부른다. 지금 우리나라에서 운전되고 있는 원자력발전소는 모두 25기인데, 우리가 사용하는 전기의 1/3이 바로 이 원자력발전에서 만들어지고 있으며, 에너지 자원이 부족한 우리나라의 에너지 공급에 크게 기여하고 있다.

또 다른 원자력발전의 장점은 연료를 직접 태우지 않아 이산화탄소를 비롯한 온실가스를 대기중으로 배출하지 않는다는 점이다. 지구온난화 문제가 심각하게 대두되는 지금 상황에서 무엇보다 큰 장점이라고 볼 수 있다. 기후변화협약을 준수하고 이산화탄소 배출을 억제하기 위해서는 화력발전을 점점 줄여야 하며, 화력발전을 대체할 수 있는 새로운 에너지원이 개발되기 전까지 원자력발전은 당분간 우리나라에서 가장 필요한 에너지원으로서 고려되고 있다.

그러나 원자력발전에 대한 국민들의 시각은 부정적이다. 가장 큰 이유는 과거에 발생했던 몇 건의 큰 사고로 인해 원자력발전이 안전하지 않다는 의구심이다. 2011년 일본 후쿠시마 원자력발전소에서 발생한 사고는 이런 의구심에 더욱 불을 지폈으며, 한 번의 대형사고가 극심한 환경과 인명 피해를 일으킬 수 있다는 불안감으로 인해 안전성 확보 없이 원자력발전을 계속하면 안 된다는 견해가 강해지고 있다.

사고 이외에도 대기중으로 핵분열 부산물로 생성되는 방사성물질이 누출될 가능성에 대한 우려도 적지 않다. 아무리 방어벽을 완벽하게 갖추었다고 하더라도 원자력발전에 대한 지역주민들의 불안감은 쉽게 가라앉지 않을 것 같다.

5 원자력발전의 안전성

원자력발전소는 짧은 시간에 많은 에너지가 나오기 때문에 만약 사고가 발생한다면 그 피해 또한 더 커질 수 있다. 아무리 값싸고 많은 전기를 만들어 낸다고 해도 원자력발전소를 가까운 곳에 두고 있다면 겁나는 것은 당연하다. 사람들은 핵폭탄처럼 원자력발전소에서도 핵분열이 일어나는 핵연료를 다루고 있으니 폭발하지 않을까 걱정한다. 또 핵분열이 일어나면서 많은 방사선이 나온다는데 우리가 사는 환경에 누출되지는 않을까, 원자력발전 후 발생되는 방사성쓰레기가 우리 생명을 위협하지 않을까 걱정한다. 정말 이렇게 위험한 것이 사실이라면 당장 원자력발전소 운전을 중지해야 하지 않을까? 원자력발전이 위험한 것인지 지금부터 자세하게 알아보기로 하자.

원자로도 원자폭탄처럼 폭발하지는 않나?

많은 사람들은 원자력이라 하면 원자폭

152
에너지 위기, 어떻게 해결할까?

탄을 먼저 생각한다. 이것은 사람들이 원자력에너지를 발견하고 나서 제일 먼저 그 위력을 응용한 원자폭탄을 만들었고, 그 피해가 너무 컸기 때문이다. 원자로의 핵연료나 원자폭탄은 모두 우라늄과 같은 핵분열이 가능한 물질을 사용한다. 우라늄은 우라늄-235와 우라늄-238의 두 가지 동위원소로 구성되어 있으며, 자연에서 캐는 우라늄에는 핵분열을 잘 일으키지 않는 우라늄-238 성분이 99.3%이다. 실제 직접 핵분열을 가능케 하는 우라늄-235는 1/140 정도에 불과하기 때문에 자연 상태에서 핵분열이 일어날 가능성은 매우 희박하다.

· **원자력발전은 폭발하지 않는다.**

성냥을 하나씩 켜면 어둠을 밝힐 수 있지만 조금 타다가 곧 사그러져 버린다. 그러나 성냥곽에 잔뜩 성냥을 넣고 불을 붙이면 큰 불이 일어나는 것을 볼 수 있다. 이렇게 한꺼번에 타는 성냥불은 잘 꺼지지도 않고, 심한 경우 옆에 옮겨 붙어 더 큰 불을 일으킬 수도 있다. 원자로의 핵연료는 하나의 성냥이 띄엄띄엄 떨어져 놓여 있는 것이고, 원자폭탄은 성냥을 한군데 모아 한번 불이 붙으면 순식간에 활활 타오르는 것과 같다. 원자로에는 성냥 사이에 서로 불이 옮겨 붙지 않도록 칸막이가 되어 있고, 불이 일어나는 정도를 항상 감시하면서 혹시라도 성냥불 이상의 불길이 솟으면 바로 꺼 버리는 장치도 가지고 있다. 즉 원자로가 폭탄처럼 순식간에 폭발하는 것은 구조적으로 금지되어 있다.

일부 원자력을 반대하는 사람들은 과거에 러시아나 일본에서 원자력발전소가 폭발했다고 주장하는데 이것은 조금 잘못 알려진 것이다. 원자력발전소에서 폭발이 일어난 것은 사실인데 그 폭발은 핵분열에 의한 폭발이 아니라, 사고가 발생된 뒤에 핵연료 껍질인 금속이 뜨거워져 뜨거운 수증기와 만나면서 일부 부식되어 발생한 수소 가스가 모여 폭발한 것이다.

쉬운 예로 집에서 화재가 나면 유해가스가 생기고 그 가스가 많아지면 폭발하는 원리와 같다. 핵폭발과는 거리가 먼 것이다. 그러나 어찌되었건 원자력발전소에서 폭발이 일어났으니 참 안타까운 일이다. 이런 사고 이후 각국은 원자로 내에서 수소가 발생하지 않도록 많은 대비를 하고 있다.

방사선이 환경으로 나오는 것을 막을 수 없나?

핵분열이 일어나면 부산물인 방사성물질이 엄청나게 많이 생성된다. 핵분열은 우라늄 원자핵이 두 개로 갈라지는 것이므로, 그 과정에서 쪼개지는 대부분의 작은 핵들은 여기(excited) 상태에 놓인다. 그러면 이렇게 여기(excited)된 상태에서 핵은 매우 불안정한 상태에 놓이며 빨리 안정된 상태로 돌아가려고 한다. 이렇게 안정된 상태로 가기 위해 핵분열 과정에서 분열된 생성물들이 가지고 있던 불필요한 알갱이

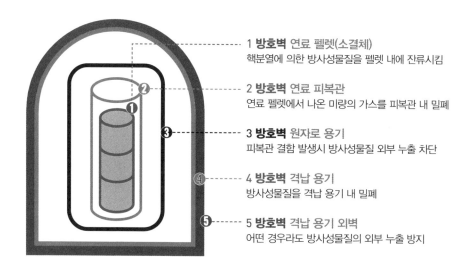

1 **방호벽** 연료 펠렛(소결체)
핵분열에 의한 방사성물질을 펠렛 내에 잔류시킴

2 **방호벽** 연료 피복관
연료 펠렛에서 나온 미량의 가스를 피복관 내 밀폐

3 **방호벽** 원자로 용기
피복관 결함 발생시 방사성물질 외부 누출 차단

4 **방호벽** 격납 용기
방사성물질을 격납 용기 내 밀폐

5 **방호벽** 격납 용기 외벽
어떤 경우라도 방사성물질의 외부 누출 방지

원자로 방호벽

나 에너지를 쏟아내는데, 이것을 종합하여 방사선이라고 한다.

그리고 방사선을 내는 물질을 '방사성동위원소'라고 부른다. 방사선은 주로 이런 방사성동위원소에서 나오는데 마치 전구 같은 물체에서 빛이 나오는 것과 유사하다. 빛과 빛을 만드는 물체가 다른 것처럼 한번 나온 빛은 막기 어렵지만 빛을 내는 물체는 잡아둘 수 있다. 방사선도 나오면 막기가 어렵지만 방사선을 낼 수 있는 물질은 잡아둘 수 있다는 말이다.

핵연료에서 핵분열이 일어나더라도 쪼개진 작은 핵들은 핵연료 안에 가둘 수 있다. 쪼개진 핵들이 비록 우라늄 핵보다는 작지만, 그래도 상당히 무겁고 큰 조각들이어서 멀리 달아나기는 어렵다. 방사선도 일종의 빛이라고 생각한다면, 방사선이 밖으로 나오지 못하게 칸막이를 해서 막을 수 있다. 원자로에서는 내부에 이런 칸막이를 여러 겹으로 배치하여 방사선이 밖으로 누출되는 것을 막고 있다.

· 방사성 가스가 새어 나오는 것은 어떻게 막을 수 있을까?

핵분열로 발생하는 물질 중에는 가스도 있다. 이런 가스는 핵연료 표면을 통해 새어 나올 수 있다. 그래서 핵연료를 둘러싼 금속 껍질이 있는데, 이것을 '피복재'라고 부른다. 모든 핵연료는 피복재에 싸여 있으며, 두께는 얇지만 핵분열에서 나오는 가스를 통과시키지 않을 정도로 충분히 단단하다. 핵연료는 이 피복재 안에 들어 있으므로 이를 '핵연료봉'이라고 부른다. 따라서 이 핵연료봉이 부서지지 않는 이상 방사성 가스는 전부 갇혀 있게 되는 셈이다.

하지만 핵연료봉을 싸고 있는 피복재가 손상되면 더 이상 가스를 가두어 놓을 수 없게 된다. 핵분열이 일어날 때 발생하는 뜨거운 열을 식히기 위해 원자로 속에는 엄청나게 많은 물이 있다. 핵연료봉을 벗어나 밖으로 나온 방사성 가스는 바로 이 물을 만나게 되는데, 이 물이 방사성 가스가 더 이상 밖으로 나가지 못하도록 막는 역할을 한다. 원자로 내부의 모든 물은 일정한 통로를 통해 흐르고, 원자로 용기라고 부르는 큰 통 속에 밀폐되어 있다. 따라서 원자로 방호벽 밖으로 방사성 가스가 나갈 수 없는 것이다.

방사성물질이 원자로 용기를
벗어난다면?

만일 원자로 용기라는 물통의 일부가 손상되어 방사성물질이 밖으로 나오면 어떻게 될까? 원자로 용기도 금속이기 때문에 샐 수도 있고 깨어질 수도 있다. 이런 경우에 대비해서 원자로 용기 밖에는 큰 원통형 건물 벽이 갖춰져 있다. 이 건물 벽은 1미터 이상 두께의 튼튼한 철근콘크리트로 만들어져 있다.

'격납건물'이라고 부른 이 건물은 높이가 약 50미터, 건물 내부 직경이 40미터가 넘는다. 이 격납건물 안에는 원자로와 이를 둘러싼 원자로 용기가 들어 있고, 또 다른 작업을 위한 넓은 공간이 있다. 비록 일부 방사성물질이 원자로 용기를 벗어나 새어 나오더라도 이 건물 벽만큼은 절대 뚫고 나갈 수 없게 만들어져 있다. 그래서 이 건물 벽의 내부는 바깥세상과는 완전히 격리된 공간이라고 할 수 있다. 이렇게 여러 겹의 방어벽을 가지고 있으니 원자로 안에서 큰 사고가 발생하더라도 우리가 살고 있는 환경으로 방사성물질이 나오기는 쉽지 않다.

· **방사선은 빛인데 완전하게 막을 수 있나?**

아무리 두꺼운 천으로 전구를 둘러싸더라도 빛은 새어 나올 수 있다. 빛은 조그만 틈만 보여도 뚫고 나올 수 있다. 방사선도 빛과 같은 성질을 가지고 있다면 틈을 통해 나올 수 있다는 말이다. 방사선은 입자와 에너지를 가진 것으로 구분된다. 입자로 된 방사선은 비교적 쉽게 막을 수 있는데, 전자파나 빛의 성질을 가진 방사선은 에너지 크기에 따라 멀리까지 나갈 수 있다.

이런 강한 방사선을 막으려면 무엇보다 방사선이 가지고 있는 에너지 양을 줄이는 방법이 좋다. 방사선이 어떤 물질을 통과할 때는 가지고 있던 일부 에너지를 잃게 된다. 그러니까 이런 강한 방사선을 막는 가장 좋은 방법은 에너지를 가장 많이 잃게 하는 물질로 막는 것이 효과적이다. 특히 감마선 같은 방사선은 철판에 약하다. 그래서 원자로 안에는 두꺼운 철판으로 만들어진 벽을 많이 넣어 대비한다. 제일 밖에 있는 건물 벽이 철근콘크리트로 만들어져 있는 것도 바로 이런 강한 감마선을 막기 위한 것이다.

격납건물 밖으로 새어 나온 방사선은 없을까?

혹시라도 방사선 또는 방사성물질이 격납건물 밖으로 나온 경우가 없을까? 아무리 튼튼하게 격납건물 벽을 만들었다고 해도 사람이 만든 것인데 실수가 전혀 일어나지 않는다고 장담하기는 어려우므로 사람들은 격납건물 밖에 여러 개의 방사선 측정 장치를 설치했다.

우리나라에서 가장 오래 운전한 고리 원자력발전소에도 이런 측정 장치가 달려 있다. 운전을 개시한 지 30년이 넘은 이 발전소에서 지금까지 측정된 기록을 살펴보면 단 한 번도 격납건물 외부로 방사선이 새어 나오지 않은 것을 알 수 있다.

이 기록은 누구나 확인할 수 있도록 공개되어 있다. 또한 우리나라는 발전소 근처뿐만 아니라 사람들이 살고 있는 다른 많은 지역에까지 이런 감시 장치를 설치해서 항상 방사선이 얼마나 되는지 측정하고 있지만 아직 한 번도 자연 방사선 수준을 넘은 적이 없다.

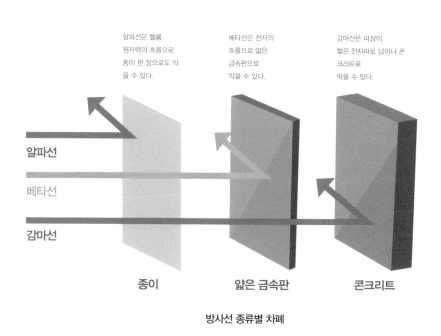

알파선은 헬륨 원자력의 흐름으로 종이 한 장으로도 막을 수 있다.

베타선은 전자의 흐름으로 얇은 금속판으로 막을 수 있다.

감마선은 파장이 짧은 전자파로 납이나 콘크리트로 막을 수 있다.

알파선

베타선

감마선

종이

얇은 금속판

콘크리트

방사선 종류별 차폐

6 방사성쓰레기는 위험할까?

　　우리가 사는 집에서도 많은 생활쓰레기가 생긴다. 생활용품 포장지나 음식물 찌꺼기를 버려야 하니, 집안일 중 쓰레기 버리는 일도 결코 쉬운 일이 아니다. 그러나 집에서 버리는 쓰레기는 더럽지만 위험하지는 않다.

　　그런데 사람들은 원자력발전소에서 나오는 쓰레기가 모두 위험하다고 생각한다. 방사성쓰레기는 크게 두 가지로 구분된다. 하나는 생활쓰레기와 같이 위험이 적은 것이며, 다른 하나는 사용하고 난 핵연료와 같이 방사성물질이 많이 포함된 것이다. 사실 원자력발전소에서 나오는 쓰레기 중 일부만 타고 난 핵연료이며, 대부분의 쓰레기는 위험이 적은 생활쓰레기이다.

　　발전소를 관리하는 사람들이 원자력발전소에 출입할 때에는 혹시라도 방사성물질이 묻을까 봐 머리에는 비닐 모자를, 손에는 장갑을 끼고 들어간다. 일을 마치고 발전소 밖으로 나올 때에 썼던 모자나 장갑은 반드시 버려야 된다. 또한 원자력발전소를 청소할 때 사용한 물도 함부로 버리면 안

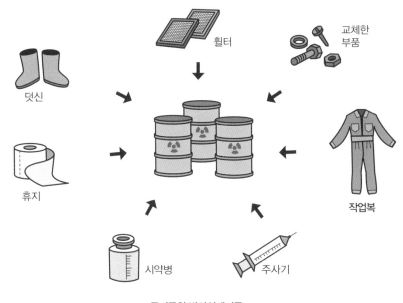

된다. 혹시라도 그 속에 방사성물질이 섞여 있으면 안 되기 때문이다. 방사성쓰레기란 바로 이런 모든 것을 포함한다.

물론 원자력발전소에서 버려지는 일반적인 쓰레기 중에서도 간혹 위험한 방사성물질이 포함되어 있는 경우가 있다. 따라서 사람들이 원자력발전소에 들어가서 검사하거나 청소한 다음에는 반드시 정밀하게 방사성물질이 묻어 있는지 조사한다.

일을 끝내고 나올 때 지나쳐야 하는 모든 출입문에는 방사선을 측정하는 기계가 설치되어 있어 조금이라도 방사성물질이 묻어 있는지 아주 자세하게 검사하며, 만일 일하다가 조금이라도 방사선에 쪼이게 되면 공기 샤워 등을 통해 방사성 오염을 제거하거나 심하면 별도로 격리하여 조사받기도 한다. 이렇게 원자력발전소는 엄격하게 관리하고 있다.

원자력발전소에서 문제 없는 쓰레기들은 기계로 압축해서 부피를 줄인 다음에 드럼통 속에 넣어 보관한다. 한편 조금이라도 방사성물질이 묻어 있는 것은 별도로 깨끗이 세탁한다. 그리고 압축 밀봉한 다음 다시 방사선 수치를 측정하여 안전한 것을 확인하고 보관한다.

그러나 사용한 핵연료는 다르다. 분열을 일으킨 물질이라 방사성물질이 많이 들어 있다. 따라서 아주 위험할 수 있다. 원자력발전소에서는 1년에 한 번 정도 사용한 핵연료를 원자로에서 꺼내는데, 다른 방사성폐기물과는 다른 방법으로 보관한다.

핵연료는 원자로에서 꺼내면 밀폐된 통로를 통해 물이 담긴 큰 수조로 옮긴다. 이 수조는 10m 정도로 깊은 저장조인데, 핵연료가 너무 뜨겁고 방사성물질이 많이 들어 있기 때문에 이 물 속에서 적어도 5년 이상 보관한다. 사용한 핵연료는 5년 정도 지나면 충분히 열이 식게 되고, 방사성물질도 사라진다.

우리나라에서는 사용한 핵연료를 보관할 장소를 구하지 못해서 30년 이상 물속에 넣어 두고 있다. 충분히 안전하다고 생각되지만 그래도 발전소 밖으로 그냥 내보낼 수는 없다. 300년 이상 안전하게 보관할 장소를 구해 우리 후손들에게 어떠한 피해도 가지 않도록 해야 하기 때문이다.

사용한 핵연료를 제외한 나머지 방사성폐기물은 양이 너무 많은 데다 보관할 곳이 마땅치 않아 처리할 장소가 필요하고 사용한 핵연료는 철저하게 관리할 장소가 필요하다. 마치 생활쓰레기를 분리해서 버리는 것과 같은 원리라고 볼 수 있다.

　최근 우리나라에도 사용한 핵연료를 제외한 나머지 쓰레기를 처리할 장소가 정해져서, 압축하거나 태워 없앨 예정이다. 반면 사용한 핵연료의 경우에는 처리할 장소를 구할 때까지 발전소 내에 있는 수조에 보관할 계획이다.

가 석탄을 두 배로 태우면 나오는 열량은 거의 두 배가 된다. 핵분열도 마찬가지로 핵분열 수가 증가하면 그만큼 생산되는 에너지도 비례해서 증가한다. 즉, 핵분열을 많이 일으킬수록 결과적으로 더 많은 에너지를 얻을 수 있다. 어떻게 하면 핵분열이 증가할 수 있는지 생각해 보자. 핵분열 반응이 많아지려면 우선적으로 반응의 기본이 되는 중성자와 핵의 충돌 확률을 높여야 한다. 우라늄-235와 우라늄-238의 반응 확률(단면적)을 비교하여 보자.

나 원자력발전 노형은 냉각재와 감속재에 따라 다르게 정의되고 있다. 즉, 우리나라에 많이 있는 원자로는 경수-냉각 경수-감속 원자로인데, 줄여서 경수로라고 부르고, 월성에 있는 경수-냉각 중수-감속 원자로는 줄여서 중수로라고 부른다. 다른 유형으로는 기체-냉각 흑연-감속원자로(기체 냉각 원자로) 등이 있다. 각각의 원리와 구조를 생각해 보자.

다 아인슈타인의 유명한 공식 $E=mc^2$은 질량보존의 법칙을 다른 형태로 설명한 것이라고 볼 수 있다. 우라늄-235의 핵분열이 일어난 경우, 분열된 핵의 질량 합과의 차이가 에너지로 변하여 막대한 열을 생성하게 되는데, 하나의 예를 들어 이 공식의 의미를 생각해 보자.

라 핵분열이 일어난 후 생성되는 물질은 기체, 액체, 고체로 분류된다. 핵분열 생성물 중에서 발전소 밖의 대기로 방출되어 환경에 영향을 줄 수 있는 부분은 가장 멀리 배출될 수 있는 기체와 액체 성분이다. 기체 생성물이 환경을 오염시킬 수 있는 경로를 알아보고, 이 경로를 차단할 수 있도록 차폐물을 생각해 보자.

마 방사성폐기물은 오염 정도에 따라 저준위, 중준위, 그리고 고준위 폐기물로 분류한다. 중저준위 폐기물은 주로 발전소 내에서 작업자 자신을 보호하기 위해 착용했던 것들을 말한다. 대부분의 폐기물은 중저준위 폐기물로 처분할 양이 많다. 중저준위 폐기물을 모아 안전하게 격리시키는 방법을 생각해 보자. 고준위에 해당되는 사용한 핵연료의 보관 상태를 검토하고, 안전하게 처리 또는 처분할 수 있는 방법을 강구해 보자.

핵융합에너지

1 핵융합에너지의 원리

　　　　　　　　　　　인류가 추구하는 꿈의 에너지는 없을
까? 지구온난화의 주범인 이산화탄소 등 온실가스도 배출하지 않고, 원자
력처럼 방사성물질도 나오지 않으면서 자원이 고갈되는 것을 염려하지 않
아도 되는 궁극적인 에너지는 없을까? 인류는 영원히 막대한 에너지를 공
급하면서도 그 연료자원이 고갈되지 않아 지속적으로 사용할 수 있고, 지
구를 보호할 수 있는 친환경적인 에너지원을 원한다. 그 가능성이 바로 핵
융합에너지이다.

• 핵융합에너지가 개발되어야 하는 이유

인류 문명은 새로운 에너지원을 찾을 때마다 크게 발전해 왔다. 에너지의 시작이

라고 볼 수 있는 불을 발견하여 음식을 조리하고 추위에서 벗어날 수 있었으며, 불

을 이용해 무기를 만들어 사나운 맹수로부터 자신을 지킬 수 있게 되었다. 석탄,

석유 등 화석에너지원을 발견하여 보다 쉽게 많은 에너지를 공급받을 수 있게 되

었고, 원자력에너지를 사용하게 되면서 산업 또한 비약적으로 발전하였다. 이제 우

리는 휘발유나 전기 같은 에너지원이 없으면 살기 어려울 정도로 에너지를 많이

이용하고 있다. 이처럼 에너지를 대량으로 이용하면서 우리 생활은 편리하게 되었지만, 만일 지금과 같은 추세로 에너지를 사용한다면 머지않아 화석연료는 물론이고 다른 에너지 자원도 고갈될 것이다. 특히 화석연료의 사용이 증가하면서 북극 빙하가 녹아 해수면이 상승하여 낮은 지대의 섬들이 물에 잠기는 등 지구 환경이 극도로 악화되고 있다. 우리는 지구 환경을 더 이상 악화시키지 않으면서 인류에게 충분한 에너지를 제공할 수 있는 새로운 에너지원을 바란다. 이러한 가능성을 가진 에너지원이 바로 핵융합에너지이다.

태양은 지구에서 가장 가까운 곳에 있는 별이다. 우리가 별이라고 부르는 천체는 언제나 빛을 낸다는 의미로 항성(恒星)이라 불린다. 그 항성이 만든 에너지가 지구에 도달하여 우리가 볼 수 있는 것이 바로 별빛이다. 그렇다면 항성에서 아주 긴 시간 동안 우리에게 에너지를 전해 줄 수 있는것은 무엇일까? 특히 지구와 가장 가까운 곳에서 강력한 빛과 열을 제공해 주는 태양은 어떻게 50억 년 이상 에너지를 방출할 수 있을까?

그것은 바로 태양에서 핵융합 반응이 일어나기 때문이다. 태양을 이루고 있는 원소 중 가장 많은 것이 수소인데, 수소 원자핵들이 충돌하고 융합하여 헬륨 원자핵으로 바뀌면서 질량의 변화가 생기고, 그 변화가 에너지로 방출되는 것이다.

수소는 원자핵과 전자로 구성된 간단한 구조를 가지고 있다. 수소의 원자핵은 양성자인데, 양성자와 양성자가 결합할 때 중수소가 만들어진다.

중수소는 다시 다른 수소 원자핵과 결합하여 헬륨-3으로 바뀌고, 이렇게 만들어진 헬륨-3 두 개를 서로 결합하면 하나의 헬륨-4와 두 개의 수소 원자핵이 생긴다.

네 개의 양성자가 모여 하나의 헬륨-4가 만들어지는 일련의 반응에서 막대한 에너지가 발생하게 되는데, 이것이 바로 태양에서 일어나고 있는 핵융합의 원리이다. 이것을 일컬어 양성자-양성자 간의 연쇄반응이라고 부른다. 이런 핵융합은 태양 같은 크기 정도의 별에서 일어난다.

수소와 수소가 결합하여 어떻게 많은 에너지가 발생할 수 있을까?

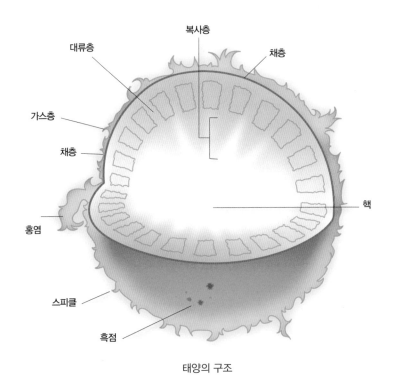

태양의 구조

에너지 위기, 어떻게 해결할까?

이것은 아인슈타인의 특수상대성이론으로 설명이 가능하다. 아인슈타인은 물질이 곧 에너지라는 매우 파격적인 논리를 전개하였다. 당시 뉴턴의 물리학에서는 정지된 물체는 전혀 운동에너지가 없는 상태이므로 에너지가 0(zero)이라고 보았다.

그런데 아인슈타인은 $E=mc^2$이라는 질량과 에너지가 동등한 개념을 가지고 서로 교환될 수 있음을 주장하였다. 즉, 우주에서 정지한 물체라고 하더라도 그 질량에 상응하는 에너지를 가지고 있다는 주장이다. 따라서 질량을 가진 물체는 에너지로 변환될 수 있으며, 이것을 정리한 것이 특수상대성이론이다. 이 이론에 따르면 수소 결합에 의해 헬륨이 만들어지는 핵융합 반응 과정에서 질량결손이 일어나며, 이 질량결손(Δm)이 $E=\Delta mc^2$에 해당되는 많은 에너지를 낼 수 있게 된다.

2 지구에서 핵융합 반응이 가능할까?

이론상으로는 별에서 핵융합 반응을 성공시키는 것처럼 지구에서도 핵융합 반응을 일으키는 게 아무 문제가 없어 보인다. 지구에는 엄청난 양의 수소가 존재하며, 특히 태양에서 발생하는 양성자–양성자 반응보다 훨씬 쉽게 일어날 수 있는 중수소–중수소 또는 중수소–삼중수소 핵융합 반응이 가능한 것으로 알려져 있다. 또한 핵융합 반응의 연료가 되는 수소의 동위원소인 중수소도 바닷물 속에 충분히 들어 있다. 하지만 핵융합 반응을 일으켜 별처럼 항상 빛을 내는 데에는 여러 가지 난관이 존재한다는 사실을 지난 60여 년간의 연구를 통해 과학자들은 알게 되었다.

여러 난관 중 하나는 핵융합 반응을 일으키기 위해서는 기본적으로 플라즈마가 1억°C 이상의 높은 온도를 유지할 수 있어야 한다는 점이다. 그 이유는 양전하를 띠고 있는 수소의 원자핵을 서로 만나게 해야 하는데 쿨롱의 법칙에서 보듯이 같은 전하를 띤 두 개의 입자가 가까워지면 서로 밀어내는 힘이 거리의 제곱에 반비례하여 증가하므로 이를 극복하기 위해서는 높은 온도가 필요하다.

1억℃가 어느 정도의 온도인지는 상상하기 어렵다. 예를 들어 지구에 존재하는 금속 중에 가장 용융점이 높은 우라늄의 경우 약 3,000℃ 이상에서 녹게 되며, 만일 10,000℃ 정도의 온도라면 지구상의 모든 물질이 녹거나 증발하여 버릴 것이기 때문이다.

1억℃ 이상의 높은 온도에서 수소는 기체 상태보다 더 많은 에너지를 받아 이온화된 상태인 플라즈마 상태로 존재하게 된다. 그렇다면 어떻게 1억℃의 온도를 만들어 낼 수 있을까? 또 어떻게 그 상태를 유지할 수 있을까?

· **플라즈마란?**

물질의 상태는 보통 고체, 액체, 기체의 세 가지로 알고 있다. 그런데 초고온에서는 전자와 원자핵이 분리되어 또 다른 상태가 존재한다. 이런 상태의 물질을 플라즈마 상태라고 한다. 고체 상태의 물질을 가열하면 액체가 되고, 액체 상태의 물질을 가열하면 기체가 된다. 기체 상태의 물질을 계속해서 가열하면 원자핵 주변에서 전자가 떨어져 나오면서 전자를 잃은 원자는 양이온 상태가 된다. 이처럼 고온에서만 가능한 양이온과 전자가 뒤섞여 존재하는 혼돈의 상태를 플라즈마라고 부른다.

온도는 우리가 활용하기 편하게 기준을 정한 것으로 상대적인 척도이다.

섭씨는 물이 얼음에서 녹는 온도를 기준한 것이다. 그러나 원자나 분자들로 만들어진 기체의 경우에는 실제 측정이 어렵기 때문에, 어떤 계(㊟)를 구성하는 입자들의 평균 운동에너지로 정의하고 있다.

운동에너지는 질량과 속도의 제곱으로 구성되며, 입자의 질량이 비록 작더라도 속도가 빠르면 충분히 에너지를 크게 만들 수 있다. 1억℃의 환경을 만들려면 입자의 속도를 그만큼 빠르게 하면 된다는 말이다. 특히 이온화된 가스 상태인 플라즈마 상태의 경우 전하를 띤 입자들로 구성되어 있는 전기장을 가하게 되면 1억℃를 만드는 게 충분히 가능하다는 것이 지금까지 밝혀진 이론이다.

그런데 지구상의 모든 물질을 녹이는 데 충분한 1억℃의 높은 온도를 가지는 플라즈마를 어떻게 가두어 둘 수 있을까? 이것이 지구에서 핵융합 반응을 일으키는 데 생기는 또 하나의 난관이다. 태양은 지구의 33만 배에 달하는 큰 질량을 가지고 있어 서로 잡아당기는 엄청난 중력을 가지고 있다. 중심 부분에서 지속적으로 핵융합 반응이 일어날 정도로 높은 온도의 플라즈마가 태양 밖으로 벗어나는 것을 막아 가두어 둘 수 있지만, 태양보다 훨씬 적은 질량의 지구에서는 높은 온도의 플라즈마를 한정된 공간에 가둘 수 있는 별도의 장치가 필요하다.

1억℃에 도달할 만큼 입자를 빠르게 움직이게 하려면 어떤 방법이 있을까? 그리고 1억℃의 플라즈마를 담은 용기를 녹이지 않으면서 안정적으로 플라즈마를 가둘 수 있을까? 이 두 가지 문제를 해결할 수 있는 방법은 의

외로 플라즈마의 기본적인 특성으로부터 찾아야 한다.

플라즈마는 음전하를 띤 전자와 양전하를 띤 수소의 원자핵으로 구성되어 있다. 각각 전기적 성질을 띠고 있기 때문에 전기장과 자기장의 영향을 받게 된다. 플라즈마에 전기장을 걸어 전기력을 가하면 하전 입자(전기적으로 양성이나 음성 전하를 가진 이온입자)들은 힘을 받아 가속되며, 빠르게 움직이는 입자들은 자기장을 걸어 그 주위에 모을 수 있다.

전기장은 입자를 가속시키는 힘을 주는 것으로(입자 에너지의 손실을 무시한다면) 계속해서 에너지를 공급한다면 입자의 속도는 원하는 만큼 올릴 수 있게 된다. 또한 가속되어 빠르게 움직이는 하전 입자들은 자기장 방향으로는 자유롭게 움직일 수 있지만, 자기장과 수직인 방향일 경우 로렌츠 힘을 받아 자기장 주변을 따라 원운동을 하면서 일정한 궤도를 이탈하지 않는 특성이 있다. 이러한 성질을 이용하여 적절한 자기장 구조를 형성한다면 용기에 직접 닿지 않도록 높은 온도의 플라즈마를 가둘 수 있게 된다.

3 플라즈마를 어떻게 가둘 수 있을까?

보통 핵융합 반응에 필요한 입자의 수는 $1m^3$당 10^{20}개 정도로 추정된다. 굉장히 많아 보이지만 대기 중에 존재하는 공기 입자 수에 비한다면 300만분의 1정도밖에 되지 않는다. 다시 말하면 같은 온도와 속도라면 핵융합 반응을 일으키는 데 필요한 플라즈마의 에너지는 대기 입자에 비해 300만분의 1에 지나지 않는다는 말이 된다. 동일 체적으로 바꾸어 생각하면 1억℃의 플라즈마가 가지는 에너지는 약 3,000℃의 대기 입자가 가지고 있는 에너지에 해당된다는 의미이다. 그래서 지구에 존재하는 물질들로 고온의 플라즈마를 둘러싸는 용기를 만드는 게 가능하다. 예를 들어 텅스텐이나 탄소 같은 용기 재료가 있다. 물론 3,000℃는 엄청나게 높은 온도이고 플라즈마의 온도도 여전히 1억℃이므로 더 이상 용기의 온도가 높아져 녹거나 파손되지 않도록 계속 냉각시켜야 한다.

또 하나 남아 있는 문제가 있다. 고온의 플라즈마가 직접 용기에 닿으면 용기의 온도가 예상하기 어려울 정도로 상승할 가능성이 있기 때문에 접촉을 가급적 피하면서 고온의 플라즈마를 담아야 한다. 지금까지 많은 과학자들이 이 연구를 계속해 왔다.

세계 과학자들은 두 가지 방법을 생각해냈다. 하나는 큰 질량의 태양 같은 별에서 자체 중력에 의해 고온의 플라즈마를 가두는 방법이다. 즉, 레이저나 입자 빔을 이용하여 연료를 가열하여 표면에서 균일하게 폭발시킴으로써 내부 연료가 압축되는 관성을 이용하는 관성핵융합 방법이다.

다른 하나는 자기장을 이용하여 하전 입자로 구성된 고온의 플라즈마를 가두는 방식이다. 이 방법은 자기 핵융합 방식이다. 전하를 띤 입자에 자기장을 가하면 힘을 받아 회전하는데, 이때 입자가 자기장에 묶여 자기장을 중심으로 나선을 그리듯이 뱅뱅 맴돌면서 움직인다. 문제는 입자를 둘러싼 자기장을 무한정 생성하기 어렵기 때문에 언젠가는 자기장의 영향권을 벗어나게 된다는 점이다.

하전 입자가 자기장 방향으로는 자유롭게 움직일 수 있기 때문에 이 방향으로 한정하여 가둘 수 있는 방법이 필요하다. 따라서 자기장으로 둘러싼 영역의 앞뒤를 단단히 밀봉할 수 있는 방법이 필요한데, 자기장으로 둘러싸인 영역의 양 끝에 자기장보다 훨씬 강력한 힘을 가하면 플라즈마 입자가 자기장의 영역을 벗어나 탈출하는 것을 막을 수 있다. 이것은 플라즈마 용기의 양 끝을 단단하게 조이는 방법이다. 양 끝의 자기장이 강력한 경우 플라즈마 입자가 이 구간을 지나기 위해서는 많은 에너지가 필요해진다. 자기장이 충분히 강하면 움직이던 입자의 운동에너지를 고갈시키고 원래 운동하던 방향과 반대 방향으로 힘을 가하여 입자를 반사시킬 수 있다. 이러한 방식의 가둠 방법을 '자기 거울'이라고 한다.

이와 유사한 원리를 이용하여 개발한 것이 '플라즈마 핀치'이다. 두 개의 도선이 나란히 놓여 있을 때, 같은 방향으로 전류를 흘려 주면 두 도선은 서로 잡아당기게 되고 반대로 다른 방향의 전류를 흘려 주면 서로 밀어낸다. 이것은 도선 주위에 자기장이 형성되어 흐르는 전류와 힘이 작용하기 때문이다.

플라즈마 역시 전하를 띤 입자들이기 때문에 플라즈마 입자들이 같은 방향으로 빠르게 움직이면 마치 두 도선에 같은 방향으로 전류를 흘린 경우와 같이 서로 강하게 잡아당기는 힘이 작용하여 플라즈마를 가둘 수 있으며 이 전류의 양쪽 끝을 연결하여 도넛 모양으로 만들게 되면 전류가 흐르는 축방향의 손실도 막을 수 있다.

핵융합 초기 연구 단계에서 영국은 이런 방식의 가둠 장치인 토로이달 핀치인 제타(ZETA)를 개발하였다. 그러나 플라즈마 핀치를 이용한 제타는 플라즈마 전류에 의해 만들어진 불안정성을 극복하는 데에는 한계가 있음을 밝혀냈다. 자기 거울과 플라즈마 핀치만으로는 플라즈마를 완벽하게 가두기 어려웠다.

플라즈마 입자가 새어나가는 것을 막기 어렵다면 아예 물리적으로 가두는 방법은 어떨까? 이런 발상에서 시작되어 자기장 주변을 원 궤도로 그리면서 운동하는 플라즈마의 특성을 이용한 자기 핵융합 방식의 경우, 자기장 방향으로 새어 나가는 플라즈마 입자를 가두는 방법으로 자기 거울 방식 대신에 도넛 모양의 토로이드를 개발하게 되었다. 한정된 공간에서 플라즈마를 가두기 어렵다면 아예 도넛 모양의 장치에서 축 방향으로 강한 자기장을 걸어 계속해서 회전하게 만들 수 있다면 플라즈마가 용기 밖으로 새어나가는 것을 막을 수 있을 것이다.

원리는 비교적 간단하였지만 이 역시 문제가 남아 있었다. 플라즈마의 흐름을 도넛 모양으로 만들면 도넛의 안쪽이 바깥쪽보다 심하게 압축되어 자기장의 영향을 더 강하게 받게 된다. 이 경우 상대적으로 자기장의 영향을 덜 받는 도넛의 바깥 부분으로 플라즈마가 탈출할 가능성이 커진다. 초기 아이디어가 굳이 자기 거울이나 핀치처럼 직선형 흐름을 유지하려고 했던 것은 바로 도넛 모양의 흐름에서 안쪽과 바깥쪽의 자기장 영향이 균일하지 못한 점을 우려했기 때문이다.

스텔러레이터

새롭게 나온 아이디어는 자기장을 꽈배기처럼 나선형으로 꼬아 주는 것이었다. 자기장을 꼬아 주면 플라즈마 입자가 토로이드의 안쪽과 바깥쪽을 오가면서 회전하게 되므로 우려했던 자기장 영향의 비대칭성을 해소할 수 있으며 플라즈마를 안정되게 유지할 수 있다. 문제는 자기장을 어떻게 비틀어 놓을 수 있는가이다.

미국의 연구진은 플라즈마를 도넛 모양의 용기 속에 흐르게 하면서, 기묘하게 휜 모양의 전자석으로 둘러쌌다. 자기장 모양 자체를 꼬아 놓아 별다른 제어가 없어도 플라즈마 입자가 도넛 안쪽과 바깥쪽을 오가게 한 것이다. 이 장치를 '스텔러레이터'라고 부르며 이를 이용하여 자기장을 일일이 제어하지 않고서도 플라즈마를 가둘 수 있었다. 또 초전도 자석을 이용하면 장시간 연속 운전이 가능하여 장래 발전로로 개발할 가능성을 기대하게 만들었다.

그러나 정교하게 휘어진 초전도 자석으로 구성된 스텔러레이터를 만드는 작업이 결코 쉬운 일이 아니어서 좋은 아이디어임에도 아직 성과는 그렇게 크지 않다. 하지만 장시간 연속 운전이 가능하다는 장점을 살리기 위해 일부 국가에서 지속적인 연구개발 중이다.

토카막

가장 앞서 가는 혁신적 도넛 모양의 자기장 가동 장치는 1960년대 구 소련의 핵융합 연구 장치인 T-3에서 획기적인 성과를 보이면서 널리 알려지게 되었다. 플라즈마 온도를 1천만°C까지 달성했고, 가둠시간9도 당시 서방 세계에서 운전되었던 제타나 스텔러레이터에 비해 수십 배 오래 지속시킬 수 있었다는 것이다. T-3 장치는

---

9 가둠시간 : 플라즈마에서 에너지가 뺏기는 비율

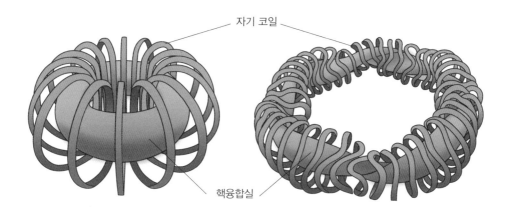

자기 코일

핵융합실

토카막과 스텔러레이터

이고르 탐과 안드레이 사하로프가 제안한 개념으로 설계된 '토카막'이라는 장치였다.

토카막이란 토로이드 자기장 용기라는 뜻의 러시아어 'toroiidalonaya kamera(chamber) magnitnykh(magnet) katushkah(coil)'의 첫 글자를 따서 만든 이름이다. 토카막 장치는 토로이드 구조의 주변에 자기 코일을 설치하여 강한 자기장을 축 방향으로 만들어 고온의 플라즈마를 가두는 방식이다. 그런데 안쪽과 바깥쪽의 불균일성을 자석을 꼬아 해결했던 스텔러레이터와는 달리 전하를 띤 입자인 플라즈마를 전자기 유도에 의해 축 방향으로 가속시켜 플라즈마 전류를 흐르게 하고, 이 전류에 의해 만들어진 자기장으로 입자가 안쪽과 바깥쪽을 오가게 하는 방식이다. 이 때 흘려준 플라즈마 전류가 플라즈마가 가진 저항과 작용하여 저항가열을 효과적으로 조절함으로써 도넛 방향의 대칭성을 유지할 수 있고 그로 인해 높은 온도와 구속 성능을 향상시킬 수 있었다.

토카막 장치의 장점은 전류의 진행 방향에 수직으로 자석을 설치하여 자기장을 형성하면 플라즈마 입자의 흐름을 살짝 비틀어 입자들이 토로이드 내부의 각 부분을 골고루 지나가도록 조절할 수 있다는 점이다. 하지만 토카막의 경우 플라즈마를 가두기 위해서는 기본적으로 플라즈마 전류가 있어야 하는데 전자기 유도 방식으로는 계속해서 전류를 흘려줄 수가 없다. 따라서 반응을 오랫동안 지속시키며 운전하기 위해서는 비유도성 전류 구동장치 개발이 선행되어야 하는 문제가 남아 있다.

4 핵융합 연구 어디까지 왔나?

토카막이 당시로서는 획기적인 발전이었음에도 제대로 핵융합 반응을 일으키기 위해 플라즈마의 온도를 1억°C까지 올리는 일은 결코 쉽지 않았다. 토카막에서는 트랜스포머와 같은 전자기유도 현상을 이용하여 플라즈마에 자기장을 걸어 플라즈마 입자를 가속시켜 전류를 형성하였다. 그리고 하전 입자가 운동을 시작하면 입자들이 서로 부딪치면서 생기는 저항에 의해 온도를 올리는 방법을 채택하였다.(마치 저항이 있는 도선에 전류를 흘릴 때 뜨거워지는 저항가열과 같은 현상)

그러나 플라즈마의 온도가 올라갈수록 내부의 저항이 점점 줄어들기 때문에 이 방법만으로는 1천만°C 이상의 온도를 달성하기 어려웠다. 과학자들은 우선적으로 플라즈마의 온도를 효과적으로 올리는 방법을 연구하여 많은 성과를 거두었다.

대표적으로 미국 프린스턴 대학의 연구진이 개발한 '중성빔입사(NBI, Neutral Beam Injection)' 방법을 들 수 있다. 이것은 플라즈마 내부에 흘려준 전류에 의한 저항가열이 온도가 어느 정도 이상 올라가면 급격히 저항이 감소하면서 효율이 떨어지는 한계가 있다는 점에서 비롯되었다. 그리하여 외부에서 전기장을 이용하여 미리 가속한 입자를 장치 속으로 주사하는 방법이 개발되었다. 강한 내부의 자기장을 통과할 수 있도록 하전 입자 빔을 전기적으로 중성으로 만들어 주사하는 방법을 택하여 플라즈마의 온도를 7천만℃까지 무난히 올릴 수 있었다.

또 다른 가열 방법도 개발되었다. 플라즈마에 전자기파를 쬐어 주면서 전자기파와 이온 입자의 자기장 주변 회전 운동에 따른 주파수를 일치시킬 때 나타나는 공명현상을 이용하여 가열하는 것이다. 이는 전자레인지의 원리와 유사하다. 외부에서 고에너지 입자를 가속하여 주입하는 대신 전자기파 형태로 전기에너지만 입자에 전달하는 방식이다. 결국 오늘날에는 이런 방법들을 이용하여 플라즈마 온도를 1억℃까지 올리는 문제는 해결되었다고 볼 수 있다.

핵융합 반응에서 가장 필수적인 플라즈마 온도를 높이기 위해 가열 기술의 발전과 동시에 열손실을 줄이는 것이 매우 중요하다. 이것은 마치 방 안에 아무리 강한 히터를 켜놓는다고 해도 창문이 열려 있으면 열손실로 인해 방 안의 온도는 올라가지 않는 것과 같은 이치이다.

앞으로 핵융합 반응을 발전으로 연결시키려면 플라즈마 온도를 고온으로 만드는 것과 동시에 밖으로 새어 나가는 손실을 최소화해야 한다. 이런 측면에서 보면 아직 충분한 핵융합 반응을 얻을 수 있을 정도로 높은 온도의 플라즈마를 안정적으로 가둘 수 있는 에너지 가둠 기술은 개발 여지가 많이 남아 있다.

• 핵융합 반응으로 만든 에너지는 어떻게 이용할까?

핵융합로 안에서 일어나는 초고온 플라즈마 상태의 중수소와 삼중수소가 핵융합 반응을 일으키면 그 결과로 엄청난 운동에너지를 지닌 중성자가 나온다. 이 중성자의 운동에너지를 열에너지로 바꾸면 그 열이 증기를 발생시키고, 그 증기가 터빈을 돌려 전기를 생산한다. 이렇게 생산된 전기를 에너지로 이용하는 것이다. 그 과정을 좀 더 자세히 살펴보면 첫째, 고진공 용기 안에 중수소와 삼중수소를 주입하고 플라즈마 상태로 가열한다. 둘째, 토카막의 자기력선 그물망을 이용하여 플라즈마를 가둔다. 셋째, 플라즈마를 약 1억℃ 이상으로 가열하여 핵융합 반응을 일으킨다. 넷째, 핵융합 반응시 일어나는 질량결손에 의한 핵융합에너지가 중성자 운동에너지로 나타난다. 마지막으로 중성자 운동에너지가 열에너지로 변환되어 증기를 가열, 터빈을 돌려 전기에너지를 얻는다.

5 국제 열핵융합 실험로(ITER)

ITER(International Thermonuclear Experimental Reactor)는 국제 열핵융합 실험로의 약자이며, 라틴어로 길(way)을 의미한다. ITER 사업은 1985년 미·소 정상회담에서 채택된 '핵융합 연구개발 추진에 관한 공동성명'이 계기가 되어 시작되었다. 당시 유럽연합은 JET(Joint European Torus), 미국은 TFTR(Tokamak Fusion Test Reator), 러시아는 T-15, 그리고 일본은 T-60U를 개발하여 이를 기반으로 핵융합 에너지를 생산할 수 있도록 과학적 실증을 위해 각각 국가별로 핵융합 연구를 수행하고 있었다.

1980년대 초반 유가 하락에 따라 새로운 에너지 개발에 대한 요구가 늦추어지고 연구개발 투자가 축소되었다. 그런데 동서 냉전을 끝내기 위해 미소 정상회담에서 소련의 고르바초프 서기장이 미국의 레이건 대통령에게 핵융합에너지 개발에 대한 공동연구를 제안한 것이다. 1988년 국제원자력기구(IAEA) 산하에 ITER 이사회를 구성하고 미국, 소련, 일본 그리고 유럽 등이 참여하는 ITER 프로젝트를 출범시킨 이후 다시 핵융합 연구에 활로를 찾았으며, 현재 참가하고 있는 국가는 2003년에

ITER에 가입한 우리나라를 포함해 중국, 인도까지 7개국으로 확대되었다.

지금은 프랑스의 카다라쉬(Cadarache)에 연구센터를 만들고 2006년에는 7개국이 ITER 공동이행협정을 맺으면서 공식적 국제기구로 출범하였다. ITER 장치는 중수소와 삼중수소를 연료로 사용하여 초고온의 플라즈마를 만들고, 자체 연소에 의해 장시간 핵융합 반응을 유지하도록 설계·제작하는 세계 최초의 핵융합 실험로가 될 것이다.

이 장치의 목표는 외부에서 가열하는 에너지를 50MW 정도 입력하여 열출력 500MW, 연소 시간 300~500초 이상을 달성하는 것이다. 이 목표는 실증 단계에서 얻어야 하는 최소의 요구이며, 이를 바탕으로 핵융합로가 상용화할 수 있는 계기가 될 것으로 예측하고 있다. 그러나 목표를 달성하기 위해서는 반드시 핵융합 반응이 장시간 지속되어야 하며, 전기를 생산할 수 있을 정도로 충분한 열을 얻기 위해 앞에서 언급하였던 모든 기술이 입증되는 것을 전제로 하고 있다.

ITER 프로젝트는 건설되어 운전될 때까지 30년 이상 걸릴 것으로 예상되는 장기 프로젝트이다. 참여국들은 그동안 장치 건설과 운영에 필요한 재원을 부담해야 한다. ITER 프로젝트는 현물 조달 시스템으로 운영되고 있다. 즉, ITER 건설에 필요한 장치를 각 회원국들이 제작하여 제공하는 것이다.

이 과정에서 참가국 사이에서 서로 기술을 공유할 수 있다. 우리나라는

ITER 건설에 필요한 총 86개의 주요 품목 중 TF 초전도 도체, 진공용기 포트, 삼중수소 저장·공급 시스템을 포함한 10개의 품목을 조달할 것이다. 그동안 KSTAR를 건설하고 운전하는 동안 습득한 기술을 인정받았고 일부 우수한 연구 사례를 바탕으로 정해진 것이다. 우리나라는 이런 품목들을 만들어 조달하는 과정을 통해 ITER 건설에 기술적으로 기여하는 것과 함께 미래 핵융합로를 본격적으로 건설할 때 필요한 핵심기술을 확보할 수 있다.

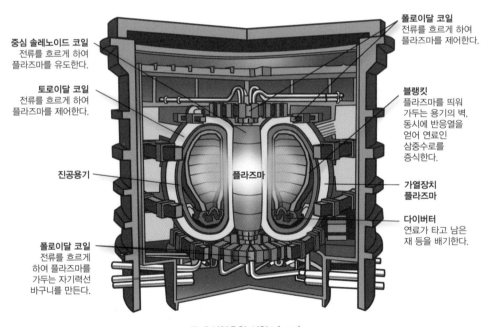

중심 솔레노이드 코일
전류를 흐르게 하여 플라즈마를 유도한다.

토로이달 코일
전류를 흐르게 하여 플라즈마를 제어한다.

진공용기

폴로이달 코일
전류를 흐르게 하여 플라즈마를 가두는 자기력선 바구니를 만든다.

폴로이달 코일
전류를 흐르게 하여 플라즈마를 제어한다.

블랭킷
플라즈마를 띄워 가두는 용기의 벽. 동시에 반응열을 얻어 연료인 삼중수로를 증식한다.

플라즈마

가열장치 플라즈마

다이버터
연료가 타고 남은 재 등을 배기한다.

국제 열핵융합 실험로(ITER)

　　우리나라에서 핵융합 반응에 관심을 가진 것은 비교적 늦은 1970년대 중반이라고 보인다. 서울대학교에서 처음으로 1979년에 토카막 장치를 자체 설계하여 SNUT-79라고 이름 붙였다. 아주 소규모였으나 기본적인 연구를 거듭하면서 그곳에서 배출된 과학자들이 한국의 핵융합 연구를 주도하게 된다.

　1990년대 중반에 이르면서 핵융합연구센터가 만들어졌고, 후에 핵융합연구소가 된다. 이때부터 우리나라는 본격적으로 핵융합 연구에 돌입하였고, 한국의 별이라 불리는 초전도 토카막 장치인 KSTAR(Korea Superconducting Tokamak Advanced Research)를 개발하는 역사를 시작하였다. 이름에는 스스로 빛을 내는 별처럼 우리나라가 전 세계와 경쟁할 수 있는 핵융합 장치라는 의미를 포함하고 있다. 이 장치는 국제 공동 연구 장치인 ITER 건설 이전에 세계 최초로 건설되는 초전도 자석을 활용한 토카막을 기본으로 미래에 핵융합 발전로가 요구하는 고성능 장시간 운전기술 개발을 목표로 하고 있다.

　토카막 장치에서 플라즈마를 가두기 위해 높은 자기장을 오랜 시간 동안 효과적으로 유지하려면 초전도 자석이 필요하다. 강한 자기장을 만들려면 자석에 매우 큰 전류를 흘려주어야 하는데 기존의 토카막 장치에서는 일반 구리선을 감은 코일을 사용했으나, 이 코일에 큰 전류를 흘릴 경우 전기 저항으로 인해 엄청난 열이 발생해 장시간 운전하기 어려웠다. 하지만 초전도 자석은 특정 온도 이하로 냉각해 주면 저항이 없어지는 특성이 있어 장시간 운전해도 많은 열이 발생하지 않는다.

이런 특성으로 미래의 핵융합로에서는 초전도 자석이 필수적이라고 보인다. KSTAR의 경우, 장치 내부의 초전도 자석을 5oK(-268℃)까지 냉각한 뒤 운전한다. 지구상에서 가장 차가운 용기라고 할 수 있다.

KSTAR 진공용기

이후 우리나라를 비롯하여 중국, 일본, 인도 등 주요 핵융합 연구를 하는 국가들은 경쟁적으로 초전도 토카막을 건설하기 시작하였다. 중국의 EAST, 일본의 JT-60SA는 초전도 토카막 장치들의 이름이며, 이름 속에 들어 있는 S와 T는 역시 초전도와 토카막을 의미하고 있다.

1995년에 시작된 KSTAR 프로젝트가 완성되기까지는 총 12년이 걸렸다. 이렇게 긴 시간의 건설 기간이 필요한 것은 규모가 큰 탓도 있지만, 거대한 장치를 mm 수준으로 정확하게 위치시키고, 수많은 실험 과정에서 오는 충격을 흡수할 수 있도록 특별한 지지 구조가 필요하였기 때문이다.

가장 오랜 시간이 걸린 것은 역시 초전도 자석의 제작 및 시험이었다. 초전도 자석은 가는 선재(단면이 원형인 강철 재료, 굵기는 5mm 정도이며 철사·철망 등을 만드는 데 쓰인다.)를 여러 번 감아 하나의 자석을 제작하는데, 사용된 선재의 길이만 지구의 지름과 맞먹는 1만 2000km이다. 특히 초전도 선재 중 가장 다루기 어렵다는 나이오븀-주석 합금을 사용했으므로 더욱 세심한 공정이 필요했다. 게다가 완성된 자석은 열처리를 하는데 한 달 이상이 소요되었다.

이런 초전도 자석이 30개가 필요했으며 하나라도 실패하면 다시 제작해야 했다. 이렇게 부품을 제작하고 하나하나가 모여 2007년에 KSTAR를 완성하였고, 이듬해인 2008년에는 첫 플라즈마를 발생시키는 등 비록 후발국이었지만 빠른 속도로 핵융합연구의 중요한 성과를 달성하고 있다. 2021년에는 핵융합로 운전에 필요한 1억도 플라즈마를 세계에서 가장 긴 시간인 30초 동안 유지하여 이 분야 핵융합연구를 선도하고 있다.

초전도 자석

초전도란 도체의 온도가 매우 낮을 때, 도체 내에 흐르는 전류의 저항이 사라지는 현상을 말한다. 초전도 상태에서는 도체에 많은 전류가 흘러도 저항에 의한 온도 상승이 거의 없으며, 전력 손실도 매우 적다. 이런 이유로 강한 자기장이 필요한 장치에서는 초전도 자석을 사용한다. 핵융합 반응이 오랫동안 지속되기 위해서는 장시간 강한 자기장을 유지해야 하기 때문에 초전도 자석의 사용은 필수적이다.

초전도 자석을 만들기 위해서는 자석의 온도를 매우 낮게 유지해야 한다. KSTAR 장치에서 핵융합에 필요한 강한 자기장을 만들려면 액체 헬륨을 이용해 영하 269℃까지 낮추어야 하는데, 이 온도는 절대영도(0K)보다 불과 4° 높은 상태이다. 초전도체로 가장 많이 사용되는 물질은 나이오븀(Nb)이다. 나이오븀은 원소 상태에서의 임계온도(물질이 초전도 상태가 되는 온도)가 원소 중에서 가장 높다. 또한 무르고 연성이 있으며 불순물이 들어가면 단단해지는 성질이 있다.

KSTAR 장치에는 나이오븀과 주석 합금을 사용하는데, 이 합금은 강한 자기장을 낼 수 있고 다른 합금보다 임계온도가 높아 안정적인 운전이 가능하다. 다만 이 합금은 가공 과정에서 쉽게 부스러질 가능성이 있다. 이 때문에 최근에는 자기장 세기가 작아도 가능하도록 가장 큰 자석의 경우 주석 대신 타이타늄을 섞어 사용하였다.

초전도 상태에서는 전기 저항이 없어서 전류가 흘러도 전혀 열이 발생하지 않는다. 그래서 초전도 자석은 항상 임계온도 이하로 유지해야 한다. 만일 임계온도를 넘어서 운전되는 경우가 발생하면 전기 저항이 증가해 열이 발생하고, 주변 물질의 온도가 상승하는 연쇄반응이 일어나 초전도성을 잃게 된다. 이렇게 되면 엄청난 열이 발생하여 초전도 자석이 부서진다.

KSTAR에서는 초전도 자석을 안정적으로 냉각시키기 위해 초임계 상태의 헬륨을 사용하고 있다. 초임계란 높은 압력을 가했을 때 액체와 밀도는 같지만 액체보다 점도가 낮아 액체가 기체처럼 퍼져 나가는 물질의 상태를 말한다. 이런 초임계 상태는 초전도 자석을 고르게 냉각하는 데 도움을 준다.

KSTAR에서는 절대영도에 가까운 용기 상태를 1억℃에 달하는 고온의 플라즈마 옆에서 항상 유지해야 하는 어려운 기술을 해결하였다. 자기장을 이용해 플라즈마를 진공용기의 벽면에서 잘 떼어 놓는다고 해도 벽면의 온도는 1000℃ 가까이 올라가게 된다.

이렇게 뜨거운 플라즈마 용기와 절대영도에 가까운 초저온 용기 사이의 간격은 불과 60cm 정도이다. 이 사이를 진공 상태로 만들고 표면을 은으로 도금한 열차폐체를 두어 전도 대류 복사에 의한 상호간 열전달을 막아 일정한 온도 차이를 유지한 것이다.

토카막 장치의 내부는 매우 낮은 압력을 유지해야 한다. 그것은 압력이 높으면 가열해야 하는 입자 수가 그만큼 많아지기 때문이다. 입자 수가 증가하면 고온의 플라즈마를 만들기 위해 가열해야 하는 입자의 에너지가 더 많이 필요해지며, 더 많은 가열장치를 필요로 하게 된다. 또한 핵융합 반응의 효율을 높이려면 연료 이외의 불순물 함량을 최소로 낮출 필요가 있다. 이를 위해서는 진공용기 내 압력을 대기압의 10억분의 1까지 낮추어 연료를 주입하고 있다.

　　　　　　　KSTAR의 성공적 완성을 기반으로 우리나라는 ITER 프로젝트에 참여하여 현재 건설 단계에서 주도적 역할을 수행하고 있다. 핵융합 분야에서 후발국인 우리나라는 ITER 참여를 통해 KSTAR를 뛰어넘는 고도의 미래 핵융합에너지 생산기술을 확보할 수 있을 것으로 기대하고 있다.

　국제 공동으로 연구가 수행됨에 따라 그만큼 빠른 시간 내에 검증된 핵융합 핵심기술과 기존 핵융합 연구 장치에서 얻을 수 없었던 연소 플라즈마에 대한 기술, 삼중수소 연료 주기와 관련된 기술 등을 확보할 수 있게 된다. 또한 KSTAR 건설을 통해 기술을 축적해 온 국내 핵융합 관련 산업체의 기술경쟁력을 높일 수 있다.

　ITER를 설계하고 건설하는 과정에서 매우 정밀하고 전문적인 기술이 필요하다. 따라서 이 프로젝트에 참여하는 산업체들은 고도의 미래 기술을 개발하는 기회를 맞은 것이며, 세계의 유수 산업체들과의 경쟁에서 우위를 차지하게 된 것이다. 또한 부수적으로 이런 과정을 통해 습득된 고도의 기술은 장래 핵융합로 상용화가 이루어진 후에 그대로 수익으로 연결될 수도 있다. ITER 참여를 통해 얻는 경제적인 파급효과 역시 매우 크다고 볼 수 있다.

그러나 무엇보다 중요한 것은 ITER 건설 및 운영을 통해 확보하게 될 고성능 연소 플라즈마 운전기술이 우리나라의 앞선 원자력 기술을 바탕으로 핵융합로 공학기술 분야와 결합하게 된다는 것이다. 즉 실제 핵융합로 건설로 이어질 수 있고 꿈의 에너지인 핵융합에너지 생산을 실현하여 우리나라의 어려운 에너지 문제를 궁극적으로 해결할 수 있기를 기대하고 있다.

가 원자력에너지는 가장 무거운 원소인 우라늄이 중성자와 반응하여 핵분열을 일으키면서 질량결손을 가져와 에너지를 내는 반면에, 핵융합에너지는 가장 가벼운 수소의 결합으로 에너지를 만든다. 비록 핵융합 반응은 같지만, 그 내용은 전혀 다르다. 핵융합과 핵분열의 원리를 비교하여 정리해 보자.

나 태양이 오랫동안 계속해서 빛을 낼 수 있었던 원리를 생각해 보자. 태양에서 일어나는 양성자 반응은 지구상에서 우리가 만들고자 하는 인공태양 핵융합로에서 고려되고 있는 중수소–삼중수소 반응보다 훨씬 일어나기 어려운 반응임에도 태양 내부의 온도는 우리가 만들고자 하는 핵융합로의 온도보다 오히려 낮은 것으로 알려져 있다. 어떻게 이런 현상이 가능한지 생각해 보자. 이것은 태양이 오랫동안 지구를 포함한 태양계에 핵융합 반응을 통해 에너지를 계속해서 공급하는 이유이기도 하다.

다 지구에서 인공태양을 만들려면 기본적으로 세 가지 난관을 극복해야 한다. 첫째, 1억 ℃ 이상의 플라즈마를 만들어야 하고, 그렇게 뜨거운 플라즈마를 가둘 수 있는 용기가 필요하다. 또한 가장 쉽게 핵융합 반응을 일으킬 수 있는 중수소–삼중수소 반응의 연료인 삼중수소를 자체적으로 생산해서 사용할 수 있어야 한다. 이를 위해 과학자들은 고심하고 있는데, 각각의 난관을 해결하기 위해 그동안 진척된 기술 상황을 검토해 보자.

에너지

일하는 능력이라는 뜻을 가진 그리스어의 '에네르게이아'에서 파생된 용어이다.

우리 생활에서 널리 사용되는 전기에너지 외에도 인간이 일하는 에너지, 움직이고 있는 물체가 갖는 운동에너지, 높은 곳에 있는 물건이 갖는 위치에너지, 열에너지, 광(光)에너지, 음(音)에너지 등이 있다. 또한 전기에너지를 난방용 열에너지나 조명용 광에너지로 바꾸어 이용하듯이 에너지는 쉽게 그 형태를 변환할 수 있다.

1차 에너지

자연에서 얻은 최초의 에너지를 말한다. 즉, 땅 속에 퇴적된 동 · 식물들이 오랜 기간 지열, 지층의 압력, 미생물의 작용을 받아 생성된 것들로 구성된 화석에너지와 자연계에서 직접 얻을 수 있는 것들을 포함한 자연 에너지원을 총칭하여 말한다.

자연 계열로는 태양열 · 조력 · 파력 · 풍력 · 수력 · 지열, 화석연료 계열로는 석탄 · 석유 · 천연가스, 핵에너지 계열로 원자력(우라늄), 식물성 계열로 장작, 숯, 목탄 등 자연으로부터 얻을 수 있는 것이 있으며 이를 총칭하여 1차 에너지라고 한다.

2차 에너지

1차 에너지를 변환 · 가공하여 수송이나 에너지 전환이 쉽도록 한 것이다. 일상생활이나 산업 분야에서 이용할 수 있는 형태로 만든 에너지를 말한다. 2차 에너지에는 전기, 도시가스, 석유 제품, 코크스 등이 있다. 최종 에너지로서 열, 빛, 동력으로 이용된다.

제3의 불

인류의 에너지 이용은 '불'의 발견에서 시작되었다. 석탄과 석유를 이용하여 보다 쉽게 불을 만들면서 산업혁명이 일어났고, 전기를 발명함으로써 새로운 현대 산업사회로 나아가는 계기가 되었다. 이후 원자력이라는 대형 전기 생산방법이 개발되어 산업의 규모가 더욱 성장하는 계기가 되었다. 석탄이나 석유를 태워 만드는 불을 제1의 불이라고 부르고, 전기를 제2의 불이라고 일컫는다. 대량으로 전기를 생산하는 원자력은 제3의 불로 분류되기도 한다.

신에너지

기존의 화석연료를 변환시켜 이용하거나 수소 · 산소 등의 화학반응을 통하여 전기 또는 열을 이용하는 에너지로 수소, 연료전지, 석탄을 액화 · 가스화한 에너지 및 중질잔사유를 가스화한 에너지 등 3개 분야가 포함된다.

재생에너지

햇빛 · 물 · 지열(地熱) · 강수(降水) · 생물유기체 등을 포함하는, 재생 가능한 에너지를 변환시켜 이용하는 에너지로서 태양에너지, 풍력 · 수력 · 해양에너지, 지열에너지, 생물자원을 변환시켜 이용하는 바이오에너지, 폐기물에너지 등이 포함된다. 태양에너지는 이용 방법에 따라 태양광과 태양열로 구분되며 세부적으로 8개 분야로 나누어 있다.

신재생에너지

신재생에너지는 각 나라별로 부존자원, 산업 발전의 형태 등 여러 가지 환경과 사정에 따라 약간씩 다르다. 하지만 기본적으로 온실가스 배출량 감축 여부, 부존자원 활용 정도, 부족 자원의 해외 의존도, 산업 발전 형태에 적합한 활용 여부 같은 요소에 근거하여 분류하고 있다.

기후변화협약 당사국총회(Conference of the Parties, COP)

유엔기후변화협약(UNFCCC)의 산하기구이자 기후변화협약의 최고 의사결정 기구로 기후변화와 관련한 과학적 연구 결과를 공유하는 동시에 각국의 기후변화 프로그램의 효율성 및 협약 이행 사항을 점검하는 역할을 담당한다. 1995년 독일 베를린에서 처음 개최되었으며, 제3차 당사국총회는 1997년 일본 교토에서 열려 교토의정서를 채택하였다. 2015년 제21차 당사국총회는 파리에서 열려 신기후체제에 대한 합의문을 채택한 바 있다. 2016년 모로코 마라케시에서 열린 제22차 당사국총회에서는 197개국이 참가하여 2018년까지 협정 이행규범 수립을 위한 분야별 작업계획을 마련하기로 합의하였다. 22차 회의에서는 기후변화 이슈 중에서도 가장 우선적으로 거론되는 빈곤퇴치와 식량안보를 위해 정부 · 기업 · 시민사회단체 등 다양한 이해관계자의 참여를 촉구하는 것을 주요 내용으로 하는 '기후 및 지속가능 개발을 위한 마라케시 행동 선언문'을 채택하였다.

광전효과

금속 등 물질에 일정한 진동수 이상의 빛을 쪼이면 금속 표면에서 전자가 생성되는 현상을 말한다. 아인슈타인이 빛의 이중성을 설명할 때, 빛이 파장만이 아니라 입자가 될 수 있다는 설명을 하여 알려진 효과이다. 1839년 프랑스의 과학자 E. Becquerel이 최초로 빛이 전기로 변환되는 광전효과를 발견했다.

혐기소화 또는 혐기성 소화(anaerobicdigestion , 嫌氣性消化)
혐기 상태에서 미생물을 이용하여 폐수를 처리하는 방법이다. 혐기성 분해라고도 한다. 무산소성균이 슬러지 중의 유기물을 섭취하여 환원 분해하고, 무용한 무기화합물을 방출하는 것을 말한다.

수온약층(thermocline, 水溫躍層)
바다에서 깊이에 따른 수온이 급격하게 감소하는 층을 말한다. 수온약층의 깊이는 계절, 장소에 따라서 달라진다. 해수를 온도에 따라 구분하면 세 개의 층으로 나뉘는데 위로부터 혼합층, 수온약층, 심해층 순이다. 혼합층은 바람의 혼합으로 인해 수온의 변화가 없는 층이며, 심해층은 열이 전달되지 않아 수온이 낮은 상태로 변화가 거의 없는 층이다. 수온약층은 따뜻한 혼합층과 차가운 심해층 사이에 위치하기 때문에 아래로 내려갈수록 온도가 급감한다. 수온약층은 대기권의 성층권과 같이 가장 안정(밀도가 큰 찬물이 아래에 있고 밀도가 작은 따뜻한 물이 위에 있으므로)한 층으로 혼합층과 심해층의 물질과 에너지 교환을 억제한다.

습증기
물과 증기의 2상 혼합물(two-phase mixture)이다. 이 혼합물의 건도(steam quality)는 내부 유체의 상태와 보어홀 크기, 보어홀 상부(well head)의 압력 등에 의해 결정되는데, 일반적으로 보어홀 상부 보어홀 출구에서 습증기의 건도는 10~50% 정도이다. 실제 발전소에서는 습증기 분리기(Water-steam Separator)를 사용하여 건증기의 비율을 높이거나 3단까지 다단의 터빈을 설치하는 등 열효율을 높이고 있다.

그린 건축 또는 그린 건축물
에너지 절약을 위해 기존의 에너지를 활용하기보다는 자연 에너지를 그대로 이용하려는 것으로, 냉난방 효율을 높이기 위해 단열재를 강화하고, 채광, 채열을 위한 설계로 태양빛을 충분히 활용한 건축물을 말한다. 때로는 passive 건축물이라고도 부른다.

제로에너지 건물
에너지 효율성을 극대화하고 건물 자체에 신재생에너지 설비를 갖춤으로써 외부로부터 추가적인 에너지 공급 없이 생활을 영위할 수 있는 공간을 말한다.

수소 기반 경제
화석연료를 이용하여 산업혁명이 일어났고, 여러 가지 화학공정을 통하여 많은 제품들이 만들어졌기 때문에 기존의 산업은 탄소를 기반으로 발전해 왔다고 할 수 있다. 그러나 탄소를 기반으로 발전한 산업은 이산화탄소를 배출하는데, 그 배출량이 점점 늘어나면서 지구 환경에 나쁜 영향을 끼치게 되었고 지구온난화, 기상 이변 등 심각한 결과를 초래했다. 이에 앞으로는 기존 탄소 기반 경제체제에서 수소 기반 경제체제로 전환되어야 한다는 의견이 많다. 이것은 단순한 에너지 시스템의 변화를 의미하는 것이 아니라 경제, 사회, 문화 전반에 걸친 패러다임의 변화를 동반하는 것이다. 선진국들은 20세기 말부터 수소 기반 경제를 구축하기 위해 수소에너지 기술 개발을 적극적으로 추진하고 있다.

수소에너지

대부분 천연가스나 나프타 등 화석연료로부터 생산된다. 이 방식은 기존에 화석연료가 가지고 있던 문제점을 그대로 가지고 있기 때문에 지구 환경에 큰 도움이 되지 않아 새로운 수소 생산 방법을 개발할 필요성이 있다.

한편 화석연료가 아닌 다른 화합물에서 순수한 수소를 확보하기 위한 방법은 다양하게 개발되어 왔다. 열역학사이클법, 광화학반응, 반도체와 태양에너지를 이용하는 방법, 전기분해, 미생물을 이용하여 수소를 만드는 법 등 다양한 기술이 개발되고 있다. 그러나 이 중에서도 가장 쉽게 수소를 만들 수 있는 방법은 물을 전기분해하는 것이다. 물은 두 개의 수소 원자와 하나의 산소 원자로 구성되어 있으며, 지구상에서 쉽게 구할 수 있고 그 양 또한 무궁무진하다.

연료전지

1839년 영국의 과학자 그로브가 원리적인 개념을 발견하였다고 알려져 있으나, 1959년 영국의 베이컨에 의해 지금의 연료전지 형태가 처음 만들어져 실증에 이르게 되었다. 베이컨은 수소를 연료로, 산소를 산화제로 하여 5kW 규모의 연료전지를 처음 만들었으며, 수소연료전지는 미국의 우주선 제미니와 아폴로에 탑재되면서 각광을 받게 되었다. 당시 연료전지는 알칼리 수용액을 전해물질로 사용하였으며, 수소와 산소를 사용한 연료전지였다. 그러나 연료로 공급되는 수소를 대량으로 확보하기가 쉽지 않았고, 수소를 저장하는 방법에도 문제가 많아, 수소 이외의 다른 연료 물질을 찾기 위한 많은 노력이 있었다. 메탄과 천연가스 등 기체연료와, 메탄올, 히드라진과 같은 액체연료가 발견되었고, 이렇게 다양한 연료를 활용한 연료전지가 개발될 수 있었다.

분산전원

일반적으로 발전소라고 하면 대형 발전소를 의미하며, 전력 생산이 충분히 많아 생산된 전기를 모아 필요한 사용처까지 송전선을 통하여 보내는 것을 말한다. 그러나 최근에는 소규모로 전기를 생산하여 송전선을 이용하지 않고, 분산하여 가까운 곳에 공급하는 시스템이 많이 개발되어 있다. 연료전지로 발전하는 경우에도 생산량이 많지 않아 가까운 곳에 전기를 공급한다. 이렇게 발전소의 개념이라기보다는 적은 양의 전기를 가까운 곳에서 사용할 수 있도록 하는 것을 분산전원이라고 한다.

중질잔사유

원유를 정제하고 남은 최종 잔재물로서 감압 증류 과정에서 나오는 감압잔사유, 아스팔트와 열분해 공정에서 나오는 코크, 타르 및 피치 등이다.

합성가스 전환기술

전기 생산 및 액체연료, 화학원료, DME8, 수소로의 변환 기술 등이 포함되어 있다. 석탄가스화 반응을 통하여 생산된 합성가스는 수소의 함량이 낮기 때문에 스팀개질 반응이나 탈황정제 공정을 통해 수소의 비율을 높인 합성가스를 만들고 다시 이를 변환시켜 합성 디젤유를 생산한다. 합성가스를 디젤 또는 가솔린 등 액체연료로 전환시키는 반응은 1930년대에 독일의 과학자 피셔(Franz Fischer)와 트롭쉬(Hans Tropsch)에 의해 개발되어 피셔트롭쉬(FT) 공정이라고 부른다. 이 공정은 오래전에 개발되었지만, 최근에야 필요한 촉매를 개발하였고, 반응기와 최적 반응 조건 등을 찾는 데 성공하여 남아프리카공화국, 미국 등 몇 나라에서 상용화되었다.

핵력

영국의 유명한 과학자 뉴턴은 사과나무에서 사과가 땅으로 떨어지는 것을 보고 지구가 물체를 끌어당기는 중력을 발견했다. 중력 말고도 전기를 띤 알갱이들이 서로 밀어내거나 끌어당기는 힘을 전기력이라고 부르고, 자석의 두 극이 잡아당기거나 밀어내는 힘을 자기력이라고 부른다. 원자핵 속에는 양전기를 띠는 양성자와 전기를 띠지 않는 중성자가 들어 있는데, 어떻게 전기 성질이 다른 두 종류의 알갱이들이 결합될 수 있을까? 이런 특수한 힘을 우리는 '핵력'이라고 부른다. 핵력은 전기 성질이 같은 알갱이들끼리 서로 밀어내는 힘, 전자기력이 있음에도 양성자들을 하나의 원자핵으로 강하게 결합시킬 수 있을 만큼 매우 강한 힘이다. 그런데 이런 핵력은 아주 좁은 공간에서만 강하게 작용하는 특징이 있어, 만일 양성자와 중성자들이 조금만 거리를 두면 전혀 작용하지 못해 알갱이들이 따로 떨어져 버리게 된다.

$E=mc^2$

아인슈타인이 밝힌 없어진 질량과 에너지의 관계, 바로 $E=mc^2$이라는 관계식이다. (여기서 E는 에너지를 말하고, m은 없어진 물질의 질량, 그리고 c는 빛의 속도를 말한다.) 즉 질량도 에너지의 일종으로 '얼어붙은 에너지'라고 생각할 수 있다는 것이다.

동위원소

자연에 존재하는 원소는 같은 이름을 가지고 있지만 약간씩 성질이 다른 몇 개의 형제 원소가 존재한다. 가장 가벼운 수소를 보면 무게가 두 배나 세 배인 형제가 있는데, 이들의 성질도 수소와 크게 다르지 않다. 다만 수소 원자핵 속에 중성자라는 알갱이가 하나 또는 두 개가 더 들어 있는 것을 말한다.

플라즈마

물질의 상태는 고체, 액체, 기체의 세 가지로 알고 있다. 그런데 초고온에서는 전자와 원자핵이 분리되는 또 다른 상태가 존재한다. 이런 상태를 플라즈마 상태라고 한다. 고체 상태의 물질을 가열하면 액체가 되고, 액체 상태의 물질을 가열하면 기체가 된다. 기체 상태의 물질을 계속해서 가열하면 원자핵 주변에서 전자가 떨어져 나오면서 전자를 잃은 원자는 양이온 상태가 된다. 이처럼 고온에서만 가능한 양이온과 전자가 뒤섞여 존재하는 혼돈의 상태를 플라즈마라고 부른다.

선재

단면이 원형인 강철 재료, 굵기는 5mm 정도이며 철사·철망 등을 만드는 데 쓰인다.

발전차액지원제도

신재생에너지 발전에 의해 생산한 전력 가격과 기성 에너지원으로 생산한 전력 생산단가 차액을 정부가 보상해 주는 제도

태양에너지의 이용

태양에너지의 이용은 '첫째, 어떻게 빛을 효율적으로 모을 수 있는가? 둘째, 모아진 빛을 어떻게 효율적으로 열 또는 전기에너지로 바꿀 수 있는가? 셋째, 만들어진 전기를 어떻게 저장하고 재생하여 사용할 수 있을까?' 등에 대해 생각해 볼 수 있다.

각 단계에 생각할 수 있는 기본 원리는 간단하다. 에너지 밀도가 매우 낮은 태양빛을 모으려면 초점을 잘 이용하여야 하고, 보다 넓은 면적에서 빛을 모으면 된다. 조금이라도 높은 곳에 집광판을 설치하면 좋을 것이다.

그러나 넓은 면적을 구하려면 토지 비용이 증가하고, 높은 곳에 설치하려면 넓은 면적을 구하기 어렵고 관리하기가 쉽지 않다. 사용자와 거리가 멀어지면 송전 과정에서 손실이 커진다. 그래서 이런 낮은 밀도의 에너지를 활용하려면 가급적 전기를 생산하여 가까운 곳에서 직접 이용하면 가장 좋다. 이것을 분산전원이라고 한다. 발전 규모가 대용량으로 커지면 발전단가는 줄일 수 있지만 전기를 먼 곳까지 보내야 한다면 송전선로에 의한 손실이 발생한다. 그러니 이런 문제는 각각의 방법에 따른 장단점을 고려하여 신중하게 결정하여야 한다.

풍력에너지

대기의 온도와 압력 차이에 의해 형성되는 바람은 이용할 수만 있으면 가장 바람직한 에너지원이다. 그러나 인간이 마음대로 제어할 수 없으며 일정하게 전기를 공급하기에는 많은 문제를 포함하고 있다. 바람이 불 때 그 에너지를 최대한 활용하는 방법이 가장 효과적이다. 발전 용량을 크게 만들기 위해 회전날개를 크게 만들어야 하지만 그 경우 정지마찰이 커져 처음 회전을 시작하기 어렵다. 또 바람의 방향이 바뀌면 역방향의 저항으로 인해 발전효율이 크게 떨어진다. 그렇다고 날개의 크기를 줄이면 쉽게 회전을 시킬 수 있지만 같은 용량을 발전하기 위해서는 더 많은 부지와 발전기가 필요해진다.

풍력발전의 효율을 생각하려면 아래와 같은 질문을 해 보는 게 좋을 것이다.

첫째, 바람이 불어올 때, 날개의 회전을 시작하는 정지마찰력을 이기는 방법은 무엇일까?
둘째, 날개가 움직이기 시작하였을 때, 중단되지 않고 돌게 할 수 있으려면 어떻게 하는 것이 좋을까? (바람의 속도는 일정하지 않으며 연속적이지도 않다는 점을 고려해야 한다).
셋째, 바람의 운동에너지를 전기로 변환시키기 위해 좋은 방법이 무엇일까?

가장 효과적인 방법을 선택해야 하며 생산원가도 고려해야 한다. 해상풍력발전의 경우

부지, 저주파 소음 문제들이 없지만 설치나 유지보수 비용이 만만치 않고 고장 나면 수리 시간이 육지보다 더 필요하다는 단점이 있다. 기술적으로 어렵지는 않지만 운전 시간이나 경제성에 영향을 주는 문제이다. 그러나 바다에서는 바람을 이용할 수 있는 시간이 육지보다 훨씬 길다는 점에서 우리나라에서도 도입을 추진하고 있다.

회전날개를 사용하지 않으면 정지마찰을 고려할 필요가 없어 효율적이다. 그러나 이런 방법은 자연적인 혜택을 그대로 이용하기보다는 인공적으로 가공된 풍력에너지로 볼 수 있다. 즉, 처음 회전을 시작하는 단계에서는 인공적으로 전기를 공급하여 일정한 회전력을 얻고 그 후에는 자연 바람에 의한 발전을 시도하는 것이 기본 개념이다. 아직까지는 실용화 단계에 이르지 못했지만 입력에 필요한 전기를 최소로 할 수 있다면 가능성이 커 보인다.

원자력에너지

원자력에너지는 왜 사람들이 안전성에 대해 의문을 가지고 반대할까? 먼저 원자력에너지의 장점을 충분히 검토하고, 각각의 장점이 우리 산업과 생활에 주는 영향을 분석할 필요가 있다. 또한 위험이 되는 방사선 환경 유출과 방사성폐기물인 사용 후 핵연료의 저장과 처분의 어려움이 무엇인지 분석하면 답이 나올 수 있다.

화력발전과 비교하여 검토하면 이해가 쉬울 수 있다. 열을 가하여 증기를 생산하는 방식은 다르지만 증기가 생산된 다음 과정은 매우 흡사하다. 그러니 증기를 생산하는 방식에 대해 검토하면 그 차이를 구분할 수 있게 된다. 화력발전에서는 석탄이나 석유를 태워 물을 끓이지만, 원자력에서는 핵분열이 일어나게 만들어 그 에너지로 물을 끓이는 방식을 택하고 있다. 석탄을 태우면 재가 남는다. 그러나 핵분열이 일어나면 핵분열 생성물들이 방사선을 낸다.

이 방사선이 환경으로 나오지 못하도록 차폐를 하고 있지만, 만일에 이 과정에서 핵연료가 과열이 되어 녹는다면 안전성을 보장할 수 없다. 그래서 핵연료의 과열을 방지하는 대책이 필요하며, 냉각계통이 이 역할을 하고 있다. 냉각계통의 안전성은 어떻게 보장할 수 있을까? 핵연료가 들어 있는 원자로에 항상 물을 공급할 수 있는 장치들을 추가로 설치하여 대비하고 있으나 과연 이것이 완벽할 수 있을까?

각 기기의 안전에 대한 신뢰를 높이기 위해 어떤 과정이 필요할지 생각해 보자. 한 기기가 실패했을 때 그로 인해 전체 시스템에 영향을 줄 수 있기 때문에 하나하나의 부품이나 기기의 신뢰도는 매우 중요하다. 특히 안전과 관련된 기기는 자주 점검하고 성능을 검사할 필요가 있다. 원자력발전의 안전은 200만 개가 넘는 부품과 기기들의 신뢰도가 충분히 높아야 하며, 성능이 저하되는 경우에 빠른 교체를 위해 각각의 기기 성능을 예견하여 운전자에게 알려줄 필요가 있다. 마치 자동차 부품에 결함이 있을 때 경보를 주는 것과 같다. 만일 검사로 고장을 미리 예방할 수 있다면 사고로 이어질 가능성은 낮아질 것이다.

• 『신·재생에너지 백서』 신재생에너지센터, 한국에너지공단(2014)

• 『에너지 통계 핸드북』 한국에너지공단(2016)

• 『재미있는 환경 이야기』 허정림, 가나출판사(2013)

• 『풍력사업과 신재생에너지 국내외 산업 동향과 전망』 BIR Research Group(2014)

• 『태양광사업과 신재생에너지 국내외 산업 동향과 전망』 BIR Research Group(2014)

• 『폐기물에너지화/신재생에너지 기술개발 동향 및 국내외 시장 전망』 R&D 정보센터, 지식산업정보원(2013)

• 『생생그린에너지』 1, 2, 3권, 이은철, 상수리출판사(2009)

• 『핵융합의 세계』 국가핵융합연구소, 이지사이언스 시리즈 10(2015)

• 『핵융합 세상 속으로』 국가핵융합연구소(2015)